---

CIP-Kurztitelaufnahme der Deutschen Bibliothek

Nechtelberger, Erich
Gußeisenwerkstoffe: Eigenschaften unlegierter u. niedriglegierter Gußeisen mit Lamellengraphit, Kugelgraphit, Vermiculargraphit im Temperaturbereich bis 500° C / hrsg. von d. Forschungsvereinigung für Verbrennungskraftmaschinen e.V., Frankfurt/Main.
- Berlin : Schiele & Schön.

ISBN 3-7949-0303-X

Teil 2. Tafelband. - 1. Aufl. - 1977.

ISBN 3 7949 0303 X

---


Markgrafenstraße 11, D-1000 Berlin 61



Druck: Georg Messer KG, D-6102 Pfungstadt
Printed in Germany

# Gußeisenwerkstoffe

## Eigenschaften unlegierter und niedriglegierter Gußeisen mit Lamellengraphit/Kugelgraphit/Vermiculargraphit im Temperaturbereich bis 500°C

## Teil 2: Tafelband

von

**Dipl.-Ing. Erich Nechtelberger**
Österreichisches Gießerei-Institut, Leoben

Herausgegeben von der Forschungsvereinigung für Verbrennungskraftmaschinen e.V., Frankfurt/Main

1977

Fachverlag Schiele & Schön GmbH, Berlin

<u>Tafel 1:</u> Zusammensetzung von

## GUSSEISEN MIT LAMELLENGRAPHIT (GGL) FÜR ZYLINDERDECKEL

| Lfd.Nr. | Lit. | %C | %Si | %Mn | %P | %S | %Cr | %Ni | %Cu | %Mo | andere | Brinell-härte HB | Zugfest. $\sigma_B$ kp/mm² | E-Modul kp/mm² | Hersteller |
|---|---|---|---|---|---|---|---|---|---|---|---|---|---|---|---|
| | unlegiert | | | | | | | | | | | | | | |
| 1 | 92) | | Meehanite Type OC | | | | | | | | | >195 | >28,5 | | MAN-ACEC 3.10³P |
| 2 | 155) | 3,53 | 1,67 | 0,75 | 0,13 | 0,11 | | | 0,12 | | | 183 | 22 | | MAN |
| 3 | 156) 158) | 3,21 | 1,25 | 0,85 | 0,08 | 0,06 | | | | | | | 22,5 | | Mitsubishi |
| | Mo-legiert | | | | | | | | | | | | | | |
| 4 | 206) | 3,22 | 1,58 | 0,86 | 0,14 | k.A. | — | — | — | 0,20 | | k.A. | 32 | | MAN |
| | Cr-Cu-legiert | | | | | | | | | | | | | | |
| 5 | 2) 22) | 3,1-3,25 | 1,65-2,0 | 0,6-0,7 | 0,15-0,30 | ≤0,1 | 0,3 | — | 1,5 | — | — | 230-240 | | | ACEC Gent |
| 6 | 53) | 3,35 | 2,15 | 0,65 | 0,12 | 0,12 | 0,65 | — | 1,25 | — | — | 217 | 23,9 | | IRC, England |
| | Cr-Mo-legiert | | | | | | | | | | | | | | |
| 7 | 2)3)139)212) | 3,5-3,7 | 1,8-2,2 | 0,6-0,9 | ≤0,05 | ≤0,1 | 0,2-0,4 | — | — | 0,5-0,7 | — | 180-220 | ≥22 | 6000-8000 | Daimler-Benz |
| 8 | 3) | 3,3-3,5 | 1,8-2,0 | 0,6-0,9 | ≤0,15 | ≤0,1 | 0,2-0,4 | — | — | 0,4-0,5 | | 240-265 | 36-40 | -- | F. Winter |
| 9 | 93) | 2,8-3,2 | keine Angaben | | | | 0,30 | — | — | 0,50 | | | | | Maybach |
| | Cu-Mo-legiert | | | | | | | | | | | | | | |
| 10 | 21) | keine Angaben | | | <0,07 | k.A. | — | — | 0,8 | 0,35-0,45 | — | 220-260 | >38,5 | | Marine-Diesel |
| | Ni-Mo-legiert | | | | | | | | | | | | | | |
| 11 | 3) | 3,1 | 1,9 | 0,6 | ≤0,1 | ≤0,03 | — | 1,2 | — | 0,4 | | 280 | ≥30 | | A. Saurer |
| 12 | 172) | 3,29 | 1,10 | 0,69 | 0,12 | 0,088 | — | 1,18 | — | 0,39 | | | 32,8 | | |
| | Cr-Ni-Cu-legiert | | | | | | | | | | | | | | |
| 13 | 4) | 3,34 | 2,20 | 0,65 | 0,15 | 0,14 | 0,36 | 0,11 | 0,22 | — | | | | | |
| 14 | 4) | 3,36 | 2,12 | 0,65 | 0,18 | 0,14 | 0,56 | 0,18 | 1,15 | — | | | | | |
| 15 | 4) | 3,38 | 2,16 | 0,65 | 0,11 | 0,15 | 0,22 | 0,18 | 0,23 | — | | | | | |
| 16 | 4) | 3,40 | 2,33 | 0,67 | 0,15 | 0,13 | 0,48 | 0,91 | 0,23 | — | | | | | |
| 17 | 100) | 3,2-3,5 | 1,8-2,3 | 0,6-0,8 | 0,20 | 0,12 | 0,20-0,45 | 0,12 | 0,15-0,40 | -- | 0,03-0,08%Ti | | | | russ. Traktoren |
| | Cr-Ni-Mo-legiert | | | | | | | | | | | | | | |
| 18 | 5) | 2,63 | 1,58 | 0,70 | 0,18 | 0,08 | 0,20 | 0,60 | — | 0,40 | | | | | |
| 19 | 3) | 2,8-3,2 | keine Angaben | | | | 0,3 | 0,8 | — | 0,5 | | 200-230 | | | Maybach |
| 20 | 5) | 3,0 | 2,05 | 0,75 | <0,15 | <0,07 | 0,50 | 0,35 | — | 0,70 | | 235 | 34 | | |
| 21 | 2) | 3,0-3,4 | 2,0-2,2 | 0,9 | k.A. | k.A. | 0,3-0,4 | 0,6-0,8 | — | 0,3-0,5 | | | | | Maybach |
| 22 | 5) | 3,05 | 2,30 | 0,80 | <0,15 | <0,07 | 0,25 | 0,25 | — | 0,70 | | 235 | 38 | | |
| 23 | 5) | 3,10 | 1,90 | 0,80 | <0,25 | <0,12 | 0,30 | 1,00 | — | 0,35 | | | | | |
| 24 | 5) | 3,25 | 2,0 | keine Angaben | | | 0,25 | 0,35 | — | 0,35 | | | | | |
| 25 | 5) | 3,25 | 2,15 | 0,65 | ≤0,20 | <0,10 | 0,30 | 0,45 | — | 0,40 | | 225 | 28,5 | | |
| 26 | 9) 74) | 3,1-3,5 | 1,7-2,0 | 0,6-0,8 | ≤0,10 | <0,08 | 0,20-0,35 | 0,20-0,45 | — | 0,40-0,50 | | | | | |
| 27 | 102) | 3,25-3,40 | 2,2-2,4 | keine Angaben | | | 0,25 | 1,25 | — | 0,35 | | | 28 | | LKW |
| 28 | 102) | 3,25-3,40 | 2,2-2,4 | | | | 0,30 | 1,50 | — | 0,40 | | | 32 | | |
| 29 | 102) | 3,25-3,40 | 2,2-2,4 | | | | 0,35 | 2,0 | — | 0,60 | | | 35 | | |
| 30 | 118) | 3,32 | 1,64 | 0,94 | 0,09 | 0,08 | 0,42 | 1,58 | — | 0,3 | | 213 | 27 | | |
| 31 | 187) | 3,1-3,2 | 1,8-2,0 | 0,7-0,8 | ≤0,12 | ≤0,10 | 0,2-0,4 | 0,5-1,4 | — | 0,5-0,8 | | 210 | 28-32 | | Indien |
| 32 | 206) | 3,42 | 1,85 | 0,85 | 0,21 | 0,09 | 0,29 | 0,54 | — | 0,39 | | k.A. | 31 | | MAN |
| | Cr-Cu-Mo-legiert | | | | | | | | | | | | | | |
| 33 | 5) | 3,20 | 1,80 | 0,80 | <0,12 | <0,12 | 0,20 | — | 0,70 | 0,30 | | | | | |
| | Ni-Cu-Mo-legiert | | | | | | | | | | | | | | |
| 34 | 2) | 3,4 | 1,5 | 0,3 | 0,1 | 0,04 | — | 0,8 | 1,0 | 0,5 | | 180-200 | k.A. | | Gebr. Sulzer |
| 35 | 107) | 3,0-3,15 | 1,67-1,75 | 0,6-0,8 | ≤0,12 | ≤0,15 | — | Cu+Ni = 1,3 | | 0,4 | | 220 | 30,8 | | Ruston Paxm.Diesels |
| 36 | 109) | 3,5 | 1,4 | <0,4 | <0,05 | <0,02 | — | 0,9 | 0,9 | 0,5 | | 220-250 | 35-41 | | Gebr. Sulzer |
| | Cr-Ni-Cu-Mo-legiert | | | | | | | | | | | | | | |
| 37 | 5) | 3,05 | 2,10 | 0,70 | <0,15 | <0,09 | 0,4 | 0,6 | 0,2 | 0,55 | | 235 | 36 | | |
| 38 | 4) | 3,2-3,4 | 2,0-2,2 | 0,6-0,8 | 0,05-0,15 | ≤0,1 | 0,3-0,4 | 0,2-0,4 | 0,6-0,7 | 0,3-0,4 | | | | | |
| 39 | 5) | 3,25 | 1,90 | k.A. | 0,08 | k.A. | 0,20 | 1,0 | 0,75 | 0,50 | | | | | |
| 40 | 4) | 3,35 | 2,2 | 0,66 | 0,12 | 0,13 | 0,4 | 0,15 | 0,8 | 0,3 | | | | | |
| 41 | 4) | 3,35 | 2,3 | 0,6 | 0,11 | 0,12 | 0,4 | 0,9 | 0,2 | 0,3 | | | | | |
| 42 | 4) | 3,7 | 1,45 | 0,6 | 0,05 | 0,06 | 0,1 | 1,15 | 0,1 | 0,55 | | | | | |
| 43 | 54) | 3,3 | 2,0 | k.A. | k.A. | k.A. | 0,3 | 0,5 | 0,5 | 0,4 | | k.A. | >31,5 | | Perkins Eng. Ltd. England |

k.A. = keine Angabe

**Tafel 2:** Zusammensetzung von

**GUSSEISEN MIT KUGELGRAPHIT (GGG) für ZYLINDERDECKEL**

| Lfd. Nr. | Lit. | %C | %Si | %Mn | %P | %S | %Mg | Legierungs-zusätze | Brinellhärte HB | Zugfestigkeit $\sigma_B$ kp/mm$^2$ | Dehnung $\delta_5$ % | Hersteller |
|---|---|---|---|---|---|---|---|---|---|---|---|---|
| 44 | 91)96) | | Meehanite | SF (ferritisch) | | | k.A. | keine | 150-200 | >42 | >15 | Holland bzw. Nohab A.B. Schweden u. Nordberg USA. |
| 45 | 95) | 3,6-3,8 | 2,2-2,5 | 0,4-0,6 | <0,07 | 0,01 | 0,06 | | | >42 | >12 | KHD-Zweitakt-Diesel |
| 46 | 96) | | Meehanite | SP 70 (perlitisch) | | | keine Angaben, wahr- | scheinlich bis 1 %Cu | 220-270 | >70 | > 3 | Mirrless Blackstone |
| 47 | 97)98) | hoch | niedrig | niedrig | | keine | Angaben | | ferr. GGG | | | Glisenti, Itàlien |
| 48 | 197) | | keine | Angaben | | | | 0,3 % Mo | ferr. GGG | | | Jenbacher Motorenw. |

**Tafel 3:** Zusammensetzung von

**GUSSEISEN MIT VERMICULARGRAPHIT (GGV) FÜR ZYLINDERDECKEL**

| Lfd. Nr. | Lit. | %C | %Si | %Mn | %P | %S | %Cer-MM | %Mg | %Ti | Brinell-härte HB | Zugfestigkeit $\sigma_B$ kp/mm$^2$ | Dehnung $\delta_5$ % | |
|---|---|---|---|---|---|---|---|---|---|---|---|---|---|
| 49 | 124) 125) 129) | 3,7-3,8 | 2,2-2,4 | 0,14 | <0,08 | <0,007 | 0,02 | -- | — | 150 | 36,5 | 7,2 | Buderus, MaK |
| 50 | 143) | 3,7 | 1,7 | 0,3 | keine | Angabe | 0,002 | 0,015-0,035 | 0,06-0, 13 | | | | USA, England |

Tafel 4: An Zylinderköpfen ermittelte Spannungen nach verschiedenen Literaturangaben.

| Lit. | Motor | Stegtemp. °C | Druckspannung kp/mm² | Restzug-spannung kp/mm² |
|---|---|---|---|---|
| 1) | 2 Zyl.Viertakt<br>105 mm Bohrung<br>1800 Upm | 260 | 19,2 | k.A. |
| 106) | Viertakt<br>250 mm Bohrung<br>600 Upm | k.A. | k.A. | 12,6-18,9<br>(22,7 x)) |
| 118) | k.A. | 360 | ca. 60<br>(berechnet) | k.A. |
| 141) | Viertakt<br>430 mm Bohrung<br>428 Upm | 425 | 42,1<br>(berechnet) | 22,1<br>(gemessen) |
| 209) | Traktor-<br>Diesel | 340-360<br>450-500 | 18-20<br>30 | 8<br>12,5 |

x) bei 16 % Mitteldrucksteigerung

k.A. = keine Angabe

Tafel 5: An Zylinderköpfen ermittelte Spannungen nach R. Bertodo und T.J. Carter [41]

a)

| Engine No. | Bore, in (mm) | Material | Peak flame-face temperature, C | Calculated stresses, ton/in² (MN/m²) | Residual stress, ton/in² (MN/m²) | |
|---|---|---|---|---|---|---|
| | | | | | Estimated | Measured |
| 1 | 4·375 (110) | Aluminium | 235 | −0·9±0·4 (−13·9±6·3) | — | — |
| 2 | 6·254 (160) | Plain cast iron | 240 | −21·4±0·5 (−330±7·7) | 3·0 (46·4) | 4·1–4·4 (63–68) |
| 3 | 7·06 (180) | Plain cast iron | 364 | −9·78±1·35 (−151±21) | Negligible | — |
| 4 | 10 (255) | Plain cast iron | 360 | −26·7±0·4 (−412±6·3) | 7·2 (111) | 4·08–5·90 (63–91) |
| 5 | 10 (255) | Plain cast iron | 335 | −23·5±0·4 (−363±6·3) | 5·4 (83·5) | 4·08–4·96 (63–76·5) |
| 6 | 10·25 (260) | Alloyed cast iron | 475 | −19·5±2·5 (−301±38·6) | 8·0 (123·5) | — |
| 7 | 12·5 (320) | Alloyed cast iron | 410 | −19·0±0·6 (−294±9·3) | 4·0 (61·8) | 4·87 (75·1) |
| 8 | 12·5 (320) | Alloyed cast iron | 333 | −22·9±0·9 (−354±13·9) | 2·1 (32·4) | — |
| 9 | 12·5 (320) | Alloyed cast iron<br>En 8 flame plate | 198 | −16·1±2·3 (−248±35·4) | — | — |
| 10 | 14·25 (360) | Alloyed cast iron<br>En 8 flame plate | 212 | −18·3±3·1 (−282±47·8) | — | — |
| 11 | 17 (430) | Plain cast iron | 425 | −27·3±0·4 (−421±6·3) | 12·0 (185) | 14·3 (221) |
| 12 | 17 (430) | Alloyed cast iron | 407 | −25·2±0·5 (−389±7·7) | 5·3 (81·7) | — |

$MN/m^2 = N/mm^2$

b)

| Engine No. | Class type | Bore, in (mm) | Rating, lb/in² (MN/m²) b.m.e.p., rev/min (rad/s) | Specific power, hp/in² (MW/m²) | Heat flux, C.h.u./ft² h (MW/m²) |
|---|---|---|---|---|---|
| 1 | Naturally aspirated, air-cooled four-stroke; aluminium cylinder head | 4·375 (110) | 88 (0·61)<br>1800 (188·4) | 1·00 (1·16) | — |
| 2 | Pressure-charged, intercooled four-stroke; single-deck, water-cooled cast-iron head | 6·254 (160) | 180 (1·24)<br>1500 (157) | 2·22 (2·57) | 37 000 (0·378) |
| 3 | Pressure-charged, intercooled four-stroke; twin-deck, water-cooled cast-iron head | 7·06 (180) | 2·46 (1·68)<br>1800 (188·4) | 3·98 (4·61) | 52 200 (0·534) |
| 4 | Pressure-charged, intercooled four-stroke; single-deck, water-cooled cast-iron head | 10 (255) | 166 (1·15)<br>850 (89) | 2·58 (2·99) | 42 250 (0·432) |
| 5 | Pressure-charged, intercooled four-stroke; twin-deck, water-cooled cast-iron head | 10 (255) | 200 (1·38)<br>900 (94·2) | 2·85 (3·31) | 48 000 (0·490) |
| 6 | Pressure-charged, intercooled four-stroke; twin-deck, water-cooled cast-iron head | 10·25 (260) | 200 (1·38)<br>750 (78·5) | 2·74 (3·18) | 47 500 (0·485) |
| 7 | Pressure-charged, water-cooled four-stroke, single-deck water-cooled cast-iron head | 12·5 (320) | 125 (0·86)<br>500 (52·4) | 1·15 (1·33) | 27 700 (0·283) |
| 8 | Pressure-charged, intercooled four-stroke; twin-deck, water-cooled cast-iron head | 12·5 (320) | 165 (1·14)<br>500 (52·4) | 1·47 (1·70) | 37 500 (0·383) |
| 9 | Pressure-charged, intercooled four-stroke; separate flame plate; cast-iron and En 8 head | 12·5 (320) | 200 (1·38)<br>600 (62·8) | 2·12 (2·46) | 42 000 (0·429) |
| 10 | Pressure-charged, intercooled two-stroke; separate flame plate; cast-iron and En 8 head | 14·25 (360) | 150 (1·04)<br>450 (47·0) | 3·14 (3·64) | 70 700 (0·724) |
| 11 | Pressure-charged, water-cooled four-stroke; single-deck, water-cooled cast-iron head | 17 (430) | 120 (0·83)<br>428 (44·8) | 1·20 (1·39) | — |
| 12 | Pressure-charged, intercooled four-stroke; twin-deck, water-cooled cast-iron head | 17 (430) | 150 (1·04)<br>428 (44·8) | 1·50 (1·74) | 38 500 (0·393) |

**Tafel 6:** Abmessungen der Graphitteilchen der Formen I bis VI. Nach[19]

| Richtzahl | Abmessung der beobachteten Teilchen bei 100 : 1<br>mm | wahre Abmessung<br>mm |
|---|---|---|
| 1 | $>$ 100 | $>$ 1 |
| 2 | 50 bis 100 | 0,5 bis 1 |
| 3 | 25 bis 50 | 0,25 bis 0,5 |
| 4 | 12 bis 25 | 0,12 bis 0,25 |
| 5 | 6 bis 12 | 0,06 bis 0,12 |
| 6 | 3 bis 6 | 0,03 bis 0,06 |
| 7 | 1,5 bis 3 | 0,015 bis 0,03 |
| 8 | $<$ 1,5 | $<$ 0,015 |

**Tafel 7a: Mechanische Eigenschaften von Gusseisen mit Lamellengraphit, ermittelt an getrennt gegossenen zylindrischen Probestücken mit einem Rohgussdurchmesser von 30 mm.**

Nach[46)]

| Werkstoffkurzzeichen | GG-10 | GG-15 | GG-20 | GG-25 | GG-30 | GG-35 | GG-40 |
|---|---|---|---|---|---|---|---|
| Werkstoffnummer | 0.6010 | 0.6015 | 0.6020 | 0.6025 | 0.6030 | 0.6035 | 0.6040 |
| Zugfestigkeit [1)] $\sigma_{zB}$ N/mm² | 100 | 150 | 200 | 250 | 300 | 350 | 400 |
| Biegefestigkeit [2)] $\sigma_{bB}$ N/mm² | 200 bis 310 | 230 bis 370 | 290 bis 430 | 350 bis 490 | 410 bis 550 | 470 bis 610 | 530 bis 670 |
| Druckfestigkeit $\sigma_{dB}$ N/mm² | 500 bis 600 | 550 bis 700 | 600 bis 830 | 700 bis 1000 | 820 bis 1200 | 950 bis 1400 | 1100 bis 1400 |
| Brinellhärte HB 30 | 100 bis 150 | 140 bis 190 | 170 bis 210 | 180 bis 240 | 200 bis 260 | 210 bis 280 | 230 bis 300 |
| Elastizitätsmodul $E_o$ kN/mm² | 75 bis 100 | 80 bis 105 | 90 bis 115 | 105 bis 120 | 110 bis 140 | 125 bis 145 | 125 bis 155 |
| Poisson'sche Zahl $\mu$ | ~ 0,30 | | | | | | |
| Querdehnzahl $\eta$ | 0,258 bis 0,273 | | | | | | |
| Scherfestigkeit $\tau$ N/mm² | ~ Zugfestigkeit | | | | | | |
| Biegewechselfestigkeit $\sigma_{bW}$ N/mm² | 0,35 bis 0,50 mal Zugfestigkeit | | | | | | |
| Schlagarbeit [3)] $a_b$ J | 6,3 | ◄ | ——— | ——— | ——— | ► | 18,8 |

[1)] Mindestwerte nach DIN 1691

[2)] Unbearbeitete Rohgußprobe mit 30 mm Dmr., Auflageentfernung 600 mm; siehe auch Tafel 2

[3)] Ungekerbte Probe, 20 mm Dmr.

**Tafel 7b: Physikalische Eigenschaften von Gusseisen mit Lamellengraphit**

Nach [46)]

| Werkstoffkurzzeichen | | GG-10 | GG-15 | GG-20 | GG-25 | GG-30 | GG-35 | GG-40 |
|---|---|---|---|---|---|---|---|---|
| Werkstoffnummer | | 0.6010 | 0.6015 | 0.6020 | 0.6025 | 0.6030 | 0.6035 | 0.6040 |
| Gefüge | | ferritisch | ◄ | ——— | ——— | ——— | ► | perlitisch |
| Dichte bei 20 °C | kg/dm³ | 7,2 | | | 7,35 | | | |
| Spezifische Wärmekapazität von 20 bis 100 °C | J/g · K | 0,46 bis 0,55 | | | | | | |
| Wärmeleitfähigkeit bei 20 °C | W/K · m | 46,1 bis 58,6 | | | | | | |
| Wärmeausdehnung von 20 bis 100 °C | $10^{-6}$ $K^{-1}$ | 9,0 bis 11,0 | | | | | | |
| Elektrischer Widerstand bei 20 °C | Ω mm²/m | 0,5 bis 1,0 | | | | | | |
| Magnetische Koerzitivfeldstärke | A/m | 199*) | ◄ | ——— | ——— | ——— | ► | 716 |
| Max. relative Permeabilität | | 1560*) | ◄ | ——— | ——— | ——— | ► | 200 |

*) für ferritisch geglühte Sorten

**Tafel 8:** **Festigkeits- und Härtewerte von leg. Gusseisen (Nach C.A. Timmons u. V.A. Crosby, entnommen aus [2], Tafel 2.1.3)**

Ausgangseisen: 3,25% C; 1,93% Si; 0,11% P; $S_c = 0,91$

| Nr. | Legierungszusatz in % Cr | Mo | Cu | Ni | V | Gußzustand $\sigma_B$ kp/mm² | HB kp/mm² | RG % | RH |
|---|---|---|---|---|---|---|---|---|---|
| 1 | — | — | — | — | — | 26,2 | 217 | 97 | 1,02 |
| 2 | 0,56 | — | — | — | — | 29,2 | 235 | 108 | 1,06 |
| 3 | — | 0,47 | — | — | — | 30,8 | 241 | 113 | 1,04 |
| 4 | — | — | 1,80 | — | — | 30,5 | 235 | 112 | 1,02 |
| 5 | — | — | — | 1,72 | — | 29,2 | 235 | 108 | 1,04 |
| 6 | — | — | — | — | 0,12 | 28,7 | 229 | 106 | 1,02 |
| 7 | 0,61 | 0,56 | — | — | — | 32,3 | 262 | 119 | 1,10 |
| 8 | 0,50 | — | 0,52 | — | — | 30,1 | 241 | 111 | 1,05 |
| 9 | 0,49 | — | — | 1,45 | — | 31,7 | 255 | 117 | 1,08 |
| 10 | — | 0,47 | — | — | 0,13 | 33,8 | 255 | 125 | 1,04 |
| 11 | — | 0,54 | — | 0,66 | — | 34,8 | 269 | 129 | 1,07 |
| 12 | — | 0,54 | 0,65 | — | — | 36,7 | 269 | 134 | 1,04 |
| 13 | 0,49 | 0,43 | — | 1,45 | — | 38,8 | 285 | 143 | 1,07 |
| 14 | 0,47 | 0,43 | 0,52 | — | — | 35,4 | 248 | 131 | 1,02 |

**Tafel 9:** **Festigkeits- und Härtewerte von leg. Gusseisen (Nach J.G. Pearce, entnommen aus [2], Tafel 2.1.4)**

Basiseisen: 3,0–3,3% C; 1,1–1,6% Si; 0,4–0,5% P

| Nr. | Ni % | Cu % | Cr % | Mo % | $\sigma_B$ kp/mm² | HB kp/mm² |
|---|---|---|---|---|---|---|
| 1 | — | — | — | — | 22,4 | 197 |
| 2 | 1,39 | — | — | — | 26 | 217 |
| 3 | 2,52 | — | — | — | 29,2 | 268 |
| 4 | — | 1,53 | — | — | 27,4 | 235 |
| 5 | — | 1,57 | — | — | 26,8 | 245 |
| 6 | 0,95 | — | 0,36 | — | 27,5 | 233 |
| 7 | 2,19 | — | 0,71 | — | 29,4 | 284 |
| 8 | — | 1,00 | 0,38 | — | 27,5 | 260 |
| 9 | — | 2,29 | 0,70 | — | 30,4 | 296 |
| 10 | — | — | — | 0,31 | 29,4 | 236 |
| 11 | — | — | — | 0,56 | 29,9 | 241 |
| 12 | 0,79 | — | — | 0,54 | 30,4 | 255 |
| 13 | 1,16 | — | — | 0,76 | 32 | 284 |
| 14 | — | — | — | — | 20 | 235 |
| 15 | — | 1,16 | — | 0,63 | 31,2 | 273 |
| 16 | — | 1,63 | — | 0,75 | 31,4 | 296 |

Basiseisen: 2,6–2,8% C; 1,5–2,5% Si; 0,13% P

| Nr. | Ni % | Cu % | Cr % | Mo % | $\sigma_B$ kp/mm² | HB kp/mm² |
|---|---|---|---|---|---|---|
| 1 | — | — | — | — | 26/37 | 226/240 |
| 2 | 1,80 | — | — | — | 25,0 | 210 |
| 3 | 3,63 | — | — | — | 26,2 | 268 |
| 4 | — | 1,29 | — | — | 25,4 | 236 |
| 5 | — | 3,01 | — | — | — | 258 |
| 6 | 1,18 | — | 0,35 | — | 26,2 | 252 |
| 7 | 2,67 | — | 0,63 | — | 35,0 | 283 |
| 8 | — | 1,23 | 0,33 | — | 32,0 | 264 |
| 9 | — | 2,11 | 0,58 | — | 33,4 | 274 |
| 10 | — | — | — | 0,30 | 29,4 | 249 |
| 11 | — | — | — | 0,55 | 31,2 | 255 |
| 12 | — | — | — | 0,74 | 25,6 | 268 |
| 13 | — | — | — | 1,02 | 38,8 | 356 |
| 14 | 0,84 | — | — | 0,62 | 36,0 | 280 |
| 15 | 1,68 | — | ... | 0,71 | 37,4 | 286 |
| 16 | — | 1,16 | — | 0,53 | 35,4 | 308 |
| 17 | — | 1,40 | — | 0,74 | 40,0 | 312 |

**Tafel 10:** Festigkeits- und Härtewerte legierter Gusseisen 30 mm-Probestäbe

(Nach E. Nechtelberger[67])

**Basiseisen:**

| | | |
|---|---|---|
| % Si | 2,0 - 2,1 | 1,7 - 1,9 |
| % Mn | 0,7 | 0,7 |
| % P | ≤ 0,14 | ≤ 0,14 |
| % S | ≤ 0,08 | ≤ 0,06 |

Legierungszusätze: 0,3 % je Element

Zugfestigkeit

| Versuch | 1 | 2 | 3 | 4 | 5 | 6 | 7 | 8 | 8a |
|---|---|---|---|---|---|---|---|---|---|
| Legierungs-komb. | 3,2-3,3%C | | | | 3,7 %C | | | | 3,85 |
| | — | Cr/Ni | Cr/Mo | Cr/Ni/Mo | — | Cr/Ni | Cr/Mo | Cr/Ni/Mo | |
| $\sigma_B$ 20°C kp/mm² | 30,6 | 32,5 | 34,2 | 36,4 | 18,1 | 20,6 | 26,3 | 24,5 | 19,4 |
| Erhöhung kp/mm² | — | 1,9 | 3,6 | 5,8 | — | 2,5 | 8,2 | 6,4 | 1,3 |
| % | — | 6,2 | 11,7 | 18,9 | — | 13,8 | 45,2 | 35,3 | 7,2 |

Brinellhärte

| Versuch | 1 | 2 | 3 | 4 | 5 | 6 | 7 | 8 | 8a |
|---|---|---|---|---|---|---|---|---|---|
| Legierungs-komb. | 3,2 - 3,3 % C | | | | 3,7 % C | | | | 3,85 |
| | — | Cr/Ni | Cr/Mo | Cr/Ni/Mo | — | Cr/Ni | Cr/Mo | Cr/Ni/Mo | |
| Härte HB 30/10 | 220 | 239 | 247 | 252 | 185 | 195 | 225 | 219 | 188 |
| Anstieg HB 30/10 | — | 19 | 27 | 32 | — | 10 | 40 | 34 | 3 |
| % | — | 8,6 | 12,2 | 14,5 | — | 5,4 | 21,6 | 18,3 | 1,6 |

**Tafel 11:** Festigkeitssteigerung bei GGL durch Legierungszusätze

(Nach F.W. Ellis[188])

Basiseisen: 3,0 - 3,5 % C
1,5 - 2,5 % Si

| Legierungszusatz in % Mo | andere | Zugfestigkeitssteigerung in N/mm² |
|---|---|---|
| 0,25 | -- | 21 - 35 |
| 0,50 | -- | 42 - 63 |
| 0,75 | -- | 77 - 112 |
| 0,50 | 1 Cu | 63 - 84 |
| 0,50 | 0,5 Ni | 63 - 77 |
| 0,40 | 0,25Cr | 63 - 77 |
| 0,75 | 0,35Cr | 98 - 120 |

## Tafel 12: Einfluss von Legierungszusätzen auf Zugfestigkeit und Härte von Gusseisen mit Lamellengraphit (Nach [36])

**Einfluß von Legierungszusätzen auf die Zugfestigkeit von Gußeisen mit Lamellengraphit*)**

| Zusatz-element | Festigkeits-zunahme bei 0,1% Zugabe kp/mm² | Maximal übliche Zugabemenge % | Festigkeits-zunahme bei max. Zugabe kp/mm² | Bemerkungen |
|---|---|---|---|---|
| Cr | 0,6 bis 1,2 | 0,5 bis 1,0 | 4 bis 6 | Oberhalb 0,5% Auftreten von Karbiden. Bei Anwesenheit von Ni, Cu, Mo liegt diese Grenze höher |
| Cu | 0,2 bis 0,3 | 3 | 5 bis 8 | Wirkung oberhalb 1,5% schwächer, aber noch deutlich. Oberhalb 3,0% Ausscheidung von Kupferkristallen |
| Mn | 0,25 bis 0,35 | 2 | 6 bis 8 | Bildung von Karbiden. Gefahr der Martensitbildung in geringen Wanddicken |
| Mo | 0,7 bis 1,0 | 1,5 | 15 bis 18 | Wirkung oberhalb 1% schwächer |
| Ni | 0,15 bis 0,35 | 2,5 | 3,5 bis 10 | Wirkung bei hochfesten Gußeisensorten stärker (0,35 kp/mm² je 0,1% Zugabe) |
| Ti | 2 bis 5 | 0,10 | 2 bis 5 | Impfwirkung, beträchtliche Veränderung der Graphitausbildung |
| V | 1,5 | 0,3 bis 0,5 | 6 bis 7 | Wirkung oberhalb 0,3% geringer |

*) nach J. Inform. techn. Ind. Fond. Nr. 147, 1963, S. 6/8

**Einfluß von Legierungszusätzen auf die Härte von Gußeisen mit Lamellengraphit*)**

| Zusatz-element | Härtezunahme (HB 30) bei 0,1% Zugabe kp/mm² | Maximal übliche Zugabemenge % | Härtezunahme (HB 30) bei max. Zugabe kp/mm² | Bemerkungen |
|---|---|---|---|---|
| Cr | 4 bis 10 | 0,5 bis 1 | 50 | Bei höheren Gehalten stärkere Wirkung durch Bildung von Zementit |
| Cu | 1,5 bis 2,5 | 3 | 40 bis 60 | Oberhalb 2,0 bis 2,5% schwächere Wirkung |
| Mn | 2,5 bis 5 | 2 | 30 bis 60 | Oberhalb 2,0% stärkere Wirkung durch Bildung von Zementit und Martensit |
| Mo | 3 bis 5 | 1,5 | 60 bis 70 | |
| Ni | 0,7 bis 1,5 | 2,5 | 20 bis 35 | Oberhalb 3,5% wesentlich stärkere Wirkung durch Martensitbildung |
| Ti | | 0,10 | | Wirkung uneinheitlich und gering |
| V | 4 bis 8 | 0,3 bis 0,5 | | Starke Härtesteigerung, sobald Zementit auftritt |

*) nach J. Inform. techn. Ind. Fond. Nr. 147, 1963, S. 6/8

**Tafel 13:** **Mechanische Eigenschaften von 30 mm-Probestäben aus Schmelzen für Zylinderdeckel**
Nach [109]

| Angestrebte chemische Zusammensetzung (in %) | | | | | | | |
|---|---|---|---|---|---|---|---|
| C | Si | Mn | P | S | Ni | Cu | Mo |
| 3,5 | 1,4 | < 0,4 | < 0,03 | < 0,02 | 0,9 | 0,9 | 0,5 |

| Bezeichnung | $\sigma_B$ in kp/mm² | HB in kp/mm² | $E_{e\,dyn.}$ in kp/mm² | Q |
|---|---|---|---|---|
| 1176-3 | 39,8 | 229 | 13 347 | 1,407 |
| 1183-3 | 41,0 | 241 | 12 963 | 1,419 |
| 1184-3 | 41,0 | 249 | 13 038 | 1,364 |
| 1185-3 | 37,3 | 226 | 12 534 | 1,432 |
| 1186-3 | 35,1 | 227 | 12 944 | 1,269 |
| 1193-3 | 35,9 | 229 | 12 374 | 1,369 |
| 1203-3 | 35,0 | 218 | 12 439 | 1,393 |
| 1271-3 | 38,1 | 235 | 12 818 | 1,365 |
| 1272-3 | 37,4 | 232 | 12 397 | 1,405 |
| 1274-3 | 35,6 | 237 | 13 370 | 1,213 |
| 1275-3 | 36,6 | 219 | 12 535 | 1,429 |
| 1276-3 | 37,7 | 241 | 12 886 | 1,314 |
| 1277-3 | 36,4 | 229 | 12 828 | 1,338 |
| 1280-3 | 37,2 | 241 | 12 442 | 1,338 |
| 1282-3 | 37,3 | 238 | 12 458 | 1,357 |

**Tafel 14:** **Zusammensetzung der in den Bildern 17 bis 22 genannten Gusseisen** [70]

| Qualität | % C | % Si | % Mn | % P | % S | $S_c$ | Bild |
|---|---|---|---|---|---|---|---|
| GG 20 | 3,60 | 1,82 | 0,71 | 0,11 | 0,079 | 0,99 | 17,19 |
| GG 25 | 3,60 | 1,61 | 0,81 | 0,35 | 0,086 | 0,99 | 18,20 |
| GG 30 | 3,20 | 1,53 | 0,73 | 0,12 | 0,081 | 0,86 | 21,22 |

**Tafel 15:** **Vergleich der Wirkung von Legierungselementen auf das Gefüge von Gusseisen mit Lamellengraphit** [33]

| Element | Relative Graphitisierungsfaktoren nach BCIRA rd. 3,1 % C | nach Laplanche 2,8 % C | nach Laplanche 3,3 % C | nach Barton | Perlitisierungsfaktoren nach Jzaguirre |
|---|---|---|---|---|---|
| Si | +1 | +1 | +1 | +1 | – |
| Cu | +0,35 | – | – | 0,2 bis 3,5 | 1 |
| Ni | +0,25 | +0,38 | +0,32 | 0,3 bis 0,4 | 0,2 |
| Mn | −0,33 | – | – | −0,25 | 0,3 |
| Mo | −0,45 | −0,48 | −0,38 | −0,35 | 2 |
| Cr | −0,9 | −0,76 | −0,66 | −1 | 2 |
| V | −1,1 | – | – | −1 | 1 |
| Sn | −0,7 | – | – | – | 12 |

**Tafel 16:** Zusammensetzung und Zugfestigkeit der von S.G. Baker u. J.A. Pope[116)117)] sowie von D. Fitzgeorge u. J.A. Pope[118)] untersuchten Gusseisen.

| Gusseisen | N | L | E | R | F | G | D | V | C | T |
|---|---|---|---|---|---|---|---|---|---|---|
| | GGL | | | | GGG | | GGL | | | |
| | unleg. | unleg. geimpft | Ni-Mo | Ni-Cr | überwiegend perlitisch (Gusszustand) | ferritisch geglüht | unleg. | Cu-Mo | unleg. | Cr-Ni |
| % C | 3,09 | 3,30 | 3,23 | 2,97 | 3,51 | | 3,16 | 2,93 | 3,42 | 3,33 |
| % Si | 0,55 | 1,18 | 1,30 | 2,08 | 2,46 | | 0,99 | 1,11 | 1,12 | 1,02 |
| % Mn | 1,09 | 1,56 | 0,81 | 0,86 | 0,37 | | 0,78 | 0,70 | 1,26 | 0,77 |
| % P | 0,18 | 0,35 | 0,16 | 0,14 | 0,02 | | 0,28 | 0,073 | 0,44 | 1,21 |
| % S | 0,103 | 0,069 | 0,114 | 0,139 | 0,01 | | 0,097 | 0,112 | 0,055 | 0,09 |
| % Cr | n.b. | n.b. | n.b. | <u>0,15</u> | -- | | n.b. | 0,01 | -- | <u>0,23</u> |
| % Ni | n.b. | 0,05 | <u>1,43</u> | <u>0,92</u> | <u>2,06</u> | | 0,09 | 0,05 | -- | <u>0,16</u> |
| % Cu | n.b. | n.b. | n.b. | 0,13 | 0,07 | | n.b. | <u>1,25</u> | -- | -- |
| % Mo | n.b. | 0,02 | <u>0,44</u> | 0,02 | <0,02 | | 0,02 | <u>0,42</u> | -- | -- |
| Zugfestigkeit $N/mm^2$ | 280 | 295 | 325 | 320 | 585 | 510 | 240 | 360 | 295 | 230 |

n.b. = nicht bestimmt

Eisen L wurde 8 Std. bei 350°C, Eisen E, R, F 2 Std. bei 500°C spannungsarmgeglüht.

Tafel 17: Einfluss der Legierungszusätze auf E-Modul und Zugfestigkeit von GGL (Nach E. Nechtelberger[67]).

| Versuch | 1 | 2 | 3 | 4 | 5 | 6 | 7 | 8 |
|---|---|---|---|---|---|---|---|---|
| Legierungskomb. | 3,2 - 3,3 % C | | | | 3,7 % C | | | |
| | -- | Cr/Ni | Cr/Mo | Cr/Ni/Mo | -- | Cr/Ni | Cr/Mo | Cr/Ni/Mo |
| $\sigma_B$ 20°C kp/mm² | 30,6 | 32,5 | 34,2 | 36,4 | 18,1 | 20,6 | 26,3 | 24,5 |
| Erhöhung kp/mm² | -- | 1,9 | 3,6 | 5,8 | -- | 2,5 | 8,2 | 6,4 |
| % | -- | 6,2 | 11,7 | 18,9 | -- | 13,8 | 45,2 | 35,3 |
| E-Modul kp/mm² | 13140 | 13183 | 13622 | 13962 | 10559 | 10473 | 11805 | 10840 |
| Erhöhung kp/mm² | -- | 43 | 482 | 822 | -- | -86 | 1246 | 281 |
| % | -- | 0,3 | 3,7 | 6,3 | -- | -0,8 | 11,8 | 2,7 |
| Prozentuale Festigkeitssteigerung gegenüber E-Modul | -- | 20,7 | 3,2 | 18,9/6,3 3,0 | -- | -- | 3,8 | 13,1 |

Zusammensetzung vgl. Tafel 10

Tafel 18: Mechanische Eigenschaften unleg. GGL-Sorten und Spannungsabhängigkeit des E-Moduls (Nach G.N.J. Gilbert [75])

| Zugfestigkeit N/mm² | 155 | 185 | 215 | 265 | 310 | 355 | 400 |
|---|---|---|---|---|---|---|---|
| Druckfestigkeit N/mm² | 620 | 690 | 765 | 875 | 985 | 1095 | 1205 |
| Druckfest./Zugfest. | 4,0 | 3,7 | 3,6 | 3,3 | 3,2 | 3,1 | 3,0 |
| $E_o$-Modul kN/mm² | 103,5 | 111,7 | 120,0 | 129,7 | 137,9 | 141,4 | 144,8 |
| Abfall in kN/mm² je N/mm² Zugbeanspruchung | | | | | | | |
| für elast. Dehng.[1] | 0,357 | 0,301 | 0,245 | 0,212 | 0,178 | 0,156 | 0,134 |
| für Gesamtdehnung[2] | 0,536 | 0,460 | 0,404 | 0,320 | 0,246 | 0,198 | 0,161 |
| Druckbeanspruchung | kein nennenswerter Abfall | | | | | | |
| Poisson Zahl | 0,26 | | | | | | |
| Brinell-Härte | 134-164 | 149-182 | 162-199 | 182-223 | 201-247 | 226-276 | 250-305 |

[1] Tangentenmodul

[2] Sekantenmodul

Vgl. auch Bild 48

**Tafel 19:** **Mechanische Eigenschaften der nach DIN 1693 genormten (unleg. und niedriglegierten) Normalsorten von Gusseisen mit Kugelgraphit. (Nach G. Kuhn und H. Reuter[202])**

| Werkstoffkurzzeichen | | | GGG-40 | GGG-50 | GGG-60 | GGG-70 | GGG-80 |
|---|---|---|---|---|---|---|---|
| Werkstoff-Nr.[1] | | | 0.7040 | 0.7050 | 0.7060 | 0.7070 | 0.7080 |
| Gefüge | | | vorwiegend ferritisch ◄——— | | | ———► | perlitisch |
| Zugfestigkeit [2, 3] | $\sigma_{zB}$ | N/mm² | 400 | 500 | 600 | 700 | 800 |
| 0,2 %-Dehngrenze [2, 3, 4] | $\sigma_{0,2}$ | N/mm² | 250 | 320 | 380 | 440 | 500 |
| Bruchdehnung [2, 3] | $\delta_5$ | % | 15 | 7 | 3 | 2 | 2 |
| Brinellhärte | HB 30 | | 120 bis 180 | 150 bis 240 | 175 bis 290 | 210 bis 320 | 230 bis 360 |
| Brucheinschnürung | $\psi$ | % | 18 bis 32 | 7 bis 14 | 4 bis 12 | 3 bis 8 | 2 bis 6 |
| Elastizitätsmodul [5] | $E_0$ | N/mm² | 160 000 bis 185 000 | | | | |
| Druckfestigkeit | $\sigma_{dB}$ | N/mm² | 700 bis 1000 | 900 bis 1100 | 1000 bis 1200 | 1100 bis 1300 | 1100 bis 1300 |
| Biegefestigkeit | $\sigma_{bB}$ | N/mm² | 750 bis 900 | 850 bis 1000 | 900 bis 1100 | 1000 bis 1200 | 1000 bis 1200 |
| 0,2 %-Quetschgrenze | $\sigma_{dF}$ | N/mm² | $\sim 1{,}2 \cdot \sigma_{0,2}$ | | | | |
| Scherfestigkeit | $\tau_{aB}$ | N/mm² | $\sim 0{,}9 \cdot \sigma_B$ | | | | |
| Schubmodul | G | N/mm² | 65 000 bis 67 000 | | | | |
| Poisson'sche Zahl | $\mu$ | | 0,28 bis 0,29 | | | | |
| Schlagbiegezähigkeit [6] bei 20 °C | $a_b$ | J/cm² | 80 bis 150 | 60 bis 100 | 40 bis 80 | 20 bis 60 | 20 bis 60 |
| Kerbschlagarbeit [7] bei 20 °C | $A_v$ | J | 12 bis 17 | 5 bis 14 | 4 bis 8 | | |
| Kerbempfindlichkeit [8] | | | im Gußzustand ~ 1,8, weichgeglüht oder vergütet ~ 1,6 | | | | |
| Umlaufbiegewechselfestigkeit [9] | $\sigma_{bW}$ | N/mm² | 11) $\sim (0{,}61 - 0{,}0026\ \sigma_B) \cdot \sigma_B$ | | | | |
| Zug-Druck-Wechselfestigkeit [9] | $\sigma_{zdW}$ | N/mm² | 12) $\sim (0{,}43 - 0{,}00192\ \sigma_B) \cdot \sigma_B$ | | | | |
| Zug-Schwellfestigkeit [10] | $\sigma_{zsch}$ | N/mm² | 220 | | | 260 | |
| Druckschwellfestigkeit [10] | $\sigma_{dsch}$ | N/mm² | 280 | | | 420 | |
| Biegeschwellfestigkeit [10] | $\sigma_{bsch}$ | N/mm² | 300 | | | 280 | |

[1]) Nach DIN 17007.
[2]) Bei Wanddicken >50 mm empfehlen sich Vereinbarungen über die zu gewährleistenden Eigenschaften.
[3]) Nach DIN 1693 gewährleistete Eigenschaften.
[4]) Bei den ferritischen Sorten ist es zulässig, anstelle der 0,2%-Dehngrenze die aus dem Maschinendiagramm zu ermittelnde Streckgrenze anzugeben, unter Berücksichtigung der in den Erläuterungen zu DIN 1693 aufgeführten eingeengten Verfahrensbedingungen gegenüber DIN 50145 (z. Z. Entwurf).
[5]) Bevorzugt abhängig von der Graphitmenge.
[6]) Ermittelt an ungekerbten DVM-Proben nach DIN 50115.
[7]) Ermittelt an gekerbten DVM-Proben nach DIN 50115. (Siehe auch Tafel 2: Sorten mit gewährleisteter Kerbschlagarbeit.)
[8]) Nach Mühlberger, H.: Gußeisen mit Kugelgraphit, VDI-Zeitschrift, Bd. 98 (1956), Nr. 24
[9]) Nach Kaune, A.: Arbeitstagung „Gußeisen mit Kugelgraphit", 1967, Metallgesellschaft AG
[10]) Nach Hänsel, P.: Mechanische Eigenschaften von Gußeisen mit Kugelgraphit. Informationsblatt Nr. 16 (1966) des Zentralinstituts für Gießereitechnik, Leipzig.

**11) zu korrigieren auf $(0{,}61 - 0{,}00026 \cdot \sigma_B) \cdot \sigma_B$**

**12) zu korrigieren auf $(0{,}43 - 0{,}000192 \cdot \sigma_B) \cdot \sigma_B$**

**Tafel 20:** **Gusseisen mit Kugelgraphit mit gewährleisteter Kerbschlagarbeit nach DIN 1693, Blatt 1.**
**(Nach G. Kuhn u. H. Reuter[202])**

| Sorte | | gewährleistete Eigenschaften an getrennt gegossenen Probestücken | | | | |
|---|---|---|---|---|---|---|
| Kurz-zeichen | Werkstoff-nummer | Zug-festigkeit $\sigma_{zB}$ N/mm² mind. | 0,2 %-Dehn-grenze¹) $\sigma_{0,2}$ N/mm² mind. | Bruch-dehnung $\delta_5$ % mind. | Kerbschlagarbeit (DVM-Proben) $A_v$ in J mind. Mittelwert²) aus 3 Proben | Einzelwert²) |
| GGG-35.3 | 0.7033 | 350 | 220 | 22 | 14 bei −40 °C | 11 bei −40 °C |
| GGG-40.3 | 0.7043 | 400 | 250 | 18 | 14 bei −20 °C | 11 bei −20 °C |

¹) Siehe ²) Tafel 19
²) Bei Raumtemperatur beträgt die Kerbschlagarbeit als Mittelwert aus 3 Proben für GGG-35.3 mindestens 19 J, für GGG-40.3 mindestens 16 J. Die Einzelwerte betragen für GGG-35.3 mindestens 17 J, für GGG-40.3 mindestens 14 J.

**Tafel 21:** **In der Praxis üblicherweise erreichte mechanische Eigenschaften von unleg. u. niedriglegiertem Gusseisen mit Kugelgraphit**
**(Nach K. Reifferscheid, entnommen aus [14], Tafel 4)**

| Festigkeitseigenschaften | | Sortenbezeichnung GGG 40 | GGG 50 | GGG 60 | GGG 70 |
|---|---|---|---|---|---|
| Zugfestigkeit* | N/mm² | **400** bis 550 | **500** bis 600 | **600** bis 700 | **700** bis 900 |
| Streckgrenze* | N/mm² | **250** bis 350 | **350** bis 450 | **420** bis 550 | **500** bis 650 |
| Bruchdehnung* | % | **15** bis 27 | **7** bis 20 | **2** bis 12 | **2** bis 10 |
| Härte HB 30 | | 135 bis 185 | 150 bis 240 | 175 bis 300 | 210 bis 320 |
| Biegefestigkeit | N/mm² | | 850 bis 1000 | 900 bis 1100 | 1000 bis 1200 |
| E-Modul | N/mm² | | 160000 bis 185000 | | |
| Dauerfestigkeit | | | | | |
| ungekerbt | N/mm² | 200 bis 260 | 240 bis 300 | 260 bis 340 | 300 bis 360 |
| gekerbt (0,06 mm Kerbradius) | N/mm² | 120 bis 160 | 140 bis 180 | 160 bis 200 | 160 bis 200 |
| Schlagfestigkeit (Charpy) | | | | | |
| ungekerbt (+20°) | J/cm² | 60 bis 160 | 20 bis 100 | 20 bis 66 | 20 bis 40 |
| ungekerbt (−40°) | J/cm² | | 5 bis 50 | 5 bis 20 | 5 bis 20 |
| gekerbt (DVM) | J/cm² | 15 bis 28 | 5 bis 25 | 3 bis 15 | 3 bis 15 |

*) Die fettgedruckten Mindestwerte für die Zugfestigkeit, Streckgrenze und Bruchdehnung entsprechen den Festigkeitseigenschaften nach DIN 1693

**Tafel 22:** Mechanische Eigenschaften (aus Zugversuch, Schlagbiegeprüfung und Härtemessung) von perlitischem GGG im Gusszustand. Vgl. auch Bild 81a. (Nach K. Reifferscheid[34])

| | Probe Nr. | Wanddicke mm | $\sigma_B$ N/mm² | $\sigma_{0,2}$ N/mm² | $\delta_5$ % | Bemerkung | $a_b$ J | $a_b$ Mittelw. J | HB | $\sigma_{bW}$ N/mm² | $\sigma_{zdW}$ N/mm² | $\sigma_{bW}/\sigma_B$ | $\sigma_{zdW}/\sigma_B$ |
|---|---|---|---|---|---|---|---|---|---|---|---|---|---|
| | 04 | 25 | (634)<br>(658) | 487<br>483 | 1,4<br>1,4 | F<br>F | $26,5^+/22,6$<br>$34,3/34,3$ | $29,4\pm2,9$ | $300\pm2$ | - | - | | |
| | 05 | 50 | 772<br>706 | 445<br>446 | 3,0<br>2,4 | K<br>K | $28,5/37,2$<br>$36,2/34,3^+$ | $34,3^{+2,9}_{-5,9}$ | $278\pm3$ | 294 | - | 0,40 | |
| 1 | 06 | 100 | 709<br>716 | 392<br>412 | 4,4<br>4,2 | | $28,5^+/31,3$<br>$29,4/21,6$ | $27,5^{+3,9}_{-5,9}$ | $257\pm0$ | - | - | | |
| | 07 | 150 | 672<br>674 | 392<br>387 | 3,0<br>4,4 | K | $22,6^+/32,3$<br>$22,6/18,6$ | $23,5^{+8,8}_{-4,9}$ | $248\pm4$ | 253 | - | 0,38 | |
| | 24 | 25 | (601)<br>812 | 493<br>507 | 1,0<br>3,0 | F | $25,5/25,5^+$<br>$27,5/17,6$ | $23,5^{+3,9}_{-5,9}$ | $283\pm2$ | - | - | | |
| | 25 | 50 | 716<br>(590) | 448<br>449 | 3,0<br>2,0 | <br>F | $22,6/22,6^+$<br>$21,6/22,6$ | $22,6^{+0}_{-1,0}$ | $260\pm3$ | 255 | - | 0,36 | |
| 2 | 26 | 100 | 628<br>641 | 398<br>412 | 3,0<br>3,0 | | $15,7/15,7^+$<br>$14,7/17,6$ | $15,7^{+1,9}_{-1,0}$ | $256\pm2$ | - | - | | |
| | 27 | 150 | 570<br>598 | 301<br>395 | 2,0<br>2,8 | | $22,5/14,7$<br>$22,6^+/14,7$ | $19,6^{+8,8}_{-4,9}$ | $244\pm2$ | 206 | - | 0,35 | |
| | 44 | 25 | 847<br>838 | 520<br>541 | 4,0<br>2,6 | <br>K | $16,7/25,5$<br>$26,5/20,6^+$ | $22,6^{+3,9}_{-5,9}$ | $292\pm4$ | - | - | | |
| | 45 | 50 | 774<br>771 | 473<br>476 | 3,8<br>3,0 | | $16,7/20,6$<br>$27,5/24,5^+$ | $22,6^{+4,9}_{-4,9}$ | $260\pm0$ | 255 | - | 0,33 | |
| 3 | 46 | 100 | 695<br>722 | 425<br>438 | 3,2<br>4,6 | | $23,6^+/20,6$<br>$20,6/25,5$ | $22,6^{+2,9}_{-1,9}$ | $254\pm6$ | - | - | | |
| | 47 | 150 | 623<br>623 | 423<br>414 | 3,0<br>1,8 | <br>K | $15,7/16,7$<br>$20,6/17,6^+$ | $17,6\pm1,9$ | $244\pm0$ | 238 | - | 0,38 | |
| | 64 | 25 | 836<br>855 | 542<br>530 | 3,2<br>3,2 | | $38,2^+/42,1$<br>$42,1/38,2$ | $40,2\pm1,9$ | $300\pm2$ | - | - | | |
| | 65 | 50 | 746<br>785 | 492<br>496 | 2,4<br>3,4 | | $19,6/32,3$<br>$21,6/22,6^+$ | $24,5^{+7,8}_{-4,9}$ | $264\pm5$ | 279 | - | 0,36 | |
| 4 | 66 | 100 | 667<br>688 | 479<br>473 | 3,0<br>3,2 | | $21,6/24,5^+$<br>$30,4/19,6$ | $24,5^{+5,9}_{-4,9}$ | $256\pm1$ | - | - | | |
| | 67 | 150 | 672<br>668 | 449<br>460 | 4,0<br>3,8 | | $29,4/21,6^+$<br>$16,7/24,5$ | $22,6^{+6,9}_{-5,9}$ | $254\pm5$ | 240 | 186 | 0,36 | 0,28 |
| | 84 | 25 | 838<br>784 | 543<br>556 | 3,4<br>1,8 | <br>K | $26,5/24,5^+$<br>$28,4/16,7$ | $24,5^{+3,9}_{-7,8}$ | $293\pm2$ | - | - | | |
| 5 | 85 | 50 | 753<br>753 | 490<br>510 | 2,2<br>2,2 | K<br>K | 2[illegible]$,6^+/22,6$<br>$20,6/23,5$ | $21,6\pm1,9$ | $275\pm6$ | 265 | - | 0,35 | |
| | 86 | 100 | 696<br>725 | 451<br>460 | 3,2<br>3,4 | | $17,6/19,6$<br>$20,6/18,6^+$ | $18,6\pm1,9$ | $261\pm2$ | - | - | | |
| | 87 | 150 | 633<br>684 | 439<br>440 | 3,0<br>3,4 | | $7,8/11,8^+$<br>$17,6/16,7$ | $13,7^{+3,9}_{-5,9}$ | $252\pm3$ | 196 | 166 | 0,30 | 0,25 |

F = Fehler, K = Kopfriß. Die Brinellhärte wurde an den mit (+) bezeichneten Schlagbiegeproben (siehe $a_b$-Werte) bestimmt.

**Tafel 23:** Mechanische Eigenschaften (aus Zugversuch, Schlagbiegeprüfung und Härtemessung) von perlitischem GGG nach Wärmebehandlung (4 Std. 850 °C, Ofenabkühlung auf 720 °C, Luftabkühlung)
Vgl. auch Bild 81 b
(Nach K. Reifferscheid[34])

| | Probe Nr | Wand-dicke mm | $\sigma_B$ N/mm² | $\sigma_{0,2}$ N/mm² | $\delta_5$ % | Bemer-kung | $a_b$ J | $a_b$ Mittelwert J | HB$^{+}$ | HB$^{++}$ | $\sigma_{bW}$ N/mm² | $\sigma_{zdW}$ N/mm² | $\frac{\sigma_{bW}}{\sigma_B}$ | $\frac{\sigma_{zdW}}{\sigma_B}$ |
|---|---|---|---|---|---|---|---|---|---|---|---|---|---|---|
| | 11 | 25 | 821<br>(572) | 527<br>493 | 3,2<br>1,2 | F | 19,6 /39,2$^{+}$<br>14,7$^{++}$/21,6 | $23{,}5^{+15{,}7}_{-8{,}8}$ | 317±4 | 300±6 | - | - | | |
| | 12 | 50 | 826<br>(772) | 540<br>536 | 3,6<br>3,4 | F | 20,6$^{+}$ /28,4<br>31,3$^{++}$/35,3 | $28{,}4^{+6{,}9}_{-7{,}8}$ | 282±0 | 298±0 | 250 | - | 0,30 | |
| 1 | 13 | 100 | 830<br>828 | 527<br>505 | 4,0<br>4,4 | | 48,0$^{+}$ /41,1<br>34,3$^{++}$/38,2 | $40{,}2^{+7{,}8}_{-5{,}9}$ | 300±6 | 286±6 | - | - | | |
| | 14 | 150 | 818<br>848 | 525<br>524 | 3,4<br>3,2 | | 36,2$^{+}$ /41,2$^{++}$<br>36,2 /42,1 | 39,2 ± 2,9 | 296±2 | 296±2 | 233 | - | 0,28 | |
| | 31 | 25 | 785<br>923 | 507<br>717 | 3,2<br>2,4 | | 32,3$^{+}$ /33,3<br>29,4 /29,4$^{++}$ | 31,3 ± 2,0 | 290±2 | 318±12 | - | - | | |
| | 32 | 50 | 852<br>802 | 585<br>525 | 3,4<br>3,2 | | 29,4$^{+}$ /37,2$^{++}$<br>34,3 /29,4 | $31{,}3^{+4{,}9}_{-2{,}9}$ | 268±8 | 292±3 | 255 | - | 0,31 | |
| 2 | 33 | 100 | 776<br>771 | 458<br>458 | 4,4<br>4,4 | | 32,3$^{+}$ /30,4<br>29,4 /34,3$^{++}$ | $31{,}3^{+2{,}9}_{-2{,}0}$ | 290±2 | $272^{+7}_{-12}$ | - | - | | |
| | 34 | 150 | 885<br>760 | 632<br>529 | 3,4<br>2,4 | | 28,5$^{+}$ /27,5<br>22,6 /23,6$^{++}$ | 25,5 ± 2,9 | 300±6 | 311±2 | 216 | - | 0,26 | |
| | 51 | 25 | (601)<br>880 | 567<br>567 | 0,8<br>4,0 | F | 37,2$^{+}$ /47,0<br>42,1 /47,0$^{++}$ | $45{,}1^{+1{,}9}_{-7{,}8}$ | 317±0 | 306±4 | - | - | | |
| | 52 | 50 | 877<br>897 | 533<br>547 | 4,8<br>4,8 | | 43,1 /43,1$^{+}$<br>40,2 /37,2$^{++}$ | $41{,}1^{+2{,}0}_{-3{,}9}$ | 309±4 | 287±2 | 255 | - | 0,29 | |
| 3 | 53 | 100 | 906<br>896 | 581<br>560 | 5,2<br>5,2 | | 43,1 /33,3$^{+}$<br>47,0$^{++}$/43,1 | $41{,}1^{+5{,}9}_{-7{,}8}$ | 300±6 | 298±3 | - | - | | |
| | 54 | 150 | 858<br>849 | 526<br>520 | 5,2<br>4,8 | | 35,3$^{+}$ /38,2<br>41,2 /43,1$^{++}$ | 39,2 ± 3,9 | 280±2 | 285±7 | 221 | - | 0,26 | |
| | 71 | 25 | 895<br>920 | 595<br>586 | 4,0<br>5,0 | | 47,0$^{+}$ /42,4<br>55,7$^{++}$/51,0 | 49,0 ± 6,7 | 277±2 | $285^{+7}_{-2}$ | - | - | | |
| | 72 | 50 | 907<br>908 | 581<br>573 | 4,4<br>4,8 | | 38,2 /45,1$^{+}$<br>37,2 /32,3$^{++}$ | $38{,}2^{+6{,}9}_{-5{,}9}$ | 296±6 | 290±5 | 274 | - | 0,30 | |
| 4 | 73 | 100 | 912<br>905 | 574<br>574 | 5,8<br>5,2 | | 37,2$^{+}$ /48,0$^{++}$<br>41,2 /43,1 | $42{,}1^{+5{,}9}_{-4{,}9}$ | 290±2 | 280±2 | - | - | | |
| | 74 | 150 | 810<br>842 | 515<br>517 | 4,8<br>5,6 | | 46,1 /54,9$^{+}$<br>49,0 /43,1$^{++}$ | $48{,}0^{+6{,}9}_{-4{,}9}$ | 281±0 | 276±2 | 233 | 201 | 0,28 | 0,24 |
| | 91 | 25 | 951<br>893 | 625<br>604 | 4,0<br>3,0 | | 33,3$^{+}$ /37,2<br>43,1 /44,1$^{++}$ | $39{,}2^{+4{,}9}_{-5{,}9}$ | 288±4 | 304±6 | - | - | | |
| | 92 | 50 | 951<br>990 | 617<br>645 | 4,0<br>4,4 | | 29,4$^{+}$ /36,2$^{++}$<br>38,2 /36,2 | $34{,}3^{+3{,}9}_{-5{,}9}$ | 304±5 | 315±2 | 274 | - | 0,28 | |
| 5 | 93 | 100 | 912<br>905 | 571<br>572 | 4,4<br>4,2 | | 43,1$^{+}$ /36,2<br>26,5$^{++}$/36,2 | $35{,}2^{+7{,}8}_{-8{,}8}$ | 294±13 | 283±2 | - | - | | |
| | 94 | 150 | 911<br>905 | 588<br>573 | 4,4<br>4,6 | | 34,3$^{+}$ /33,3<br>36,2 /40,2$^{++}$ | $36{,}2^{+3{,}9}_{-2{,}9}$ | 295±0 | 306±0 | 228 | 196-215 | 0,25 | 0,22-0,24 |
| | GGG-80 | $\sigma_B$ mind. 800 N/mm²<br>$\sigma_{0,2}$ mind. 500 N/mm²<br>$\delta_5$ mind. 2 % | | | | F = Fehler | Die Brinellhärte HB$^{+}$ und HB$^{++}$ wurde an den mit (+) bzw. (++) bezeichneten Schlagbiegeproben (siehe $a_b$-Werte) bestimmt. | | | | | | | |

**Tafel 24:** Gewährleistete mechanische Eigenschaften in angegossenen Probestücken bei schweren und dickwandigen Gussstücken aus Gusseisen mit Kugelgraphit nach DIN 1693, Blatt 2.

| Sorte DIN 1693, Blatt 1 nach | | maßgebliche Wanddicke des Gußstückes [2] | Dicke des angegossenen Probestückes | Zugfestigkeit $\sigma_{zB}$ | 0,2%-Dehngrenze $\sigma_{0,2}$ [3] | Bruchdehnung $\delta_5$ | Kerbschlagarbeit [4] (DVM) bei −20 °C $A_v$ | | Anhaltsangabe |
|---|---|---|---|---|---|---|---|---|---|
| Kurzzeichen | Werkstoffnummer [1] | | | | | | Mittel aus 3 Proben | Einzelwert | Gefüge |
| | | mm | mm | N/mm² mind. | N/mm² mind. | % mind. | J mind. | | |
| GGG-40.3 | 0.7043 | 30 bis 70<br>60 bis 200 | 40<br>70 | 390<br>370 | 250<br>240 | 15<br>12 | 14<br>12 | 11<br>9 | vorwiegend ferritisch |
| GGG-40 | 0.7040 [4] | 30 bis 70<br>60 bis 200 | 40<br>70 | 390<br>370 | 250<br>240 | 15<br>12 | | | vorwiegend ferritisch |
| GGG-50 | 0.7050 | 30 bis 70<br>60 bis 200 | 40<br>70 | 450<br>420 | 300<br>290 | 7<br>5 | | | ferritisch-perlitisch |
| GGG-60 [5] | 0.7060 | 30 bis 70<br>60 bis 200 | 40<br>70 | 600<br>550 | 360<br>340 | 2<br>1 | | | perlitisch-ferritisch |
| GGG-70 [5] | 0.7070 | 30 bis 70<br>60 bis 200 | 40<br>70 | 700<br>650 | 400<br>380 | 2<br>1 | | | vorwiegend perlitisch |

[1]) DIN 17007 Blatt 3 „Werkstoffnummer; Systematik der Hauptgruppe 0: Roheisen, Desoxidations- und Legierungsmittel, Gußeisen".

[2]) Bei Wanddicken >200 mm empfehlen sich Vereinbarungen über die Angußprobe und die zu gewährleistenden Eigenschaften.

[3]) Bei der ferritischen Sorte ist es zulässig, anstelle der 0,2%-Dehngrenze, die aus dem Maschinendiagramm zu ermittelnde untere Streckgrenze (DIN 50145) anzugeben, unter Berücksichtigung der in den Erläuterungen angeführten eingeengten Verfahrensbedingungen gegenüber DIN 50144.

[4]) Bei der Sorte mit dem Kurzzeichen GGG-40 (Werkstoff-Nr. 0.7040) wird die Kerbschlagzähigkeit entsprechend DIN 1693, Blatt 1 nicht gewährleistet.

[5]) Werden aus Gründen einer erhöhten Verschleißbeständigkeit Mindesthärtewerte vorgeschrieben, so sind Zugfestigkeit und Dehnung nicht gewährleistet.

**Tafel 25:** Vergleich des Einflusses von je 1 % Zusatz verschiedener Elemente auf die mechanischen Eigenschaften von ferritischem Gusseisen mit Kugelgraphit (wärmebehandelt, mit Ausnahme bei Mo)
(Nach K. Röhrig u. Mitarb.[14])

| Element | Bereich % | Bei Zusatz von 1% des Elements: Anstieg der Zugfestigkeit N/mm² | Anstieg der Streckgrenze N/mm² | Abfall der Dehnung % | Anstieg der Übergangstemp. °C | Anhaltszahlen für eine Steigerung der Streckgrenze um 100 N/mm²: Abfall der Dehnung % | Anstieg der Übergangstemp. °C | Schrifttum x) |
|---|---|---|---|---|---|---|---|---|
| Si | | 78 bis 84 | 79 bis 84 | 2 bis 3 | 49 bis 76 | 3 | 78 | 3, 5, 15, 40 |
| P | 0,03 bis 0,1<br>0,02 bis 0,08 | bis 240*) | bis 480*) | 50 | 400 bis 1300<br>357***) | | | 5, 15<br>40 |
| Mn | 0,3 bis 0,6<br>0,2 bis 1,2 | 0 bis 55<br>55 | 0 bis 50<br>45*) | 2<br>8 | 100 | 14 | 220 | 5, 15<br>3, 4 |
| | | 35 bis 48 | 40 bis 43 | | 10 | | | 15 |
| Ni | | 30 | 40 | 1,5 | 6 | 5 | 18 | 6 |
| | 0 bis 4,6 | 30 bis 35 | 40 bis 45 | 1,5 bis 3 | 5 | | | 16 |
| Mo**) | 0 bis 0,5 | 65 | 63 | 5 | 55 | 8 | 87 | 18 |
| Cu | 0 bis 1,0 | 75 | 70 | 3,3 | 47 | 5 | 67 | 24 |
| Sn | 0 bis 0,06 | | | | 600 | | | 12 |
| V | 0 bis 0,2 | 160 | 100 | 14 | > 50 | 14 | > 50 | 34 |
| Co | 0 bis 6 | 10 | 12 | 0,5 | (8 bis 10) | 4,2 | (75) | 37, 38 |

*) nicht linearer Anstieg
**) Gußzustand
***) Übergangstemperatur: DVM-Kerbschlagzähigkeit = 15 J/cm²

**Tafel 26:** Vergleich des Einflusses verschiedener Legierungselemente auf die mechanischen Eigenschaften von perlitischem Gusseisen mit Kugelgraphit
(Nach K. Röhrig u. Mitarb.[14])

| Element | Bereich % | Zusatz 1,0%: Zugfestigkeit N/mm² | Anstieg der 0,2-Grenze N/mm² | Brinellhärte HB | Abfall der Dehnung % | Anhaltszahlen für den Abfall der Dehnung bei Anstieg der Streckgrenze um 100 N/mm² % | Schrifttum x) |
|---|---|---|---|---|---|---|---|
| Si | 2 bis 3,5*)<br>1,6 bis 2,6*)<br>1,6 bis 2,6**) | −10 bis +40<br>0<br>−100 | 80<br>60<br>70 | <br>0 bis 10<br>10 | 1,4<br>–<br>1,1 | 2<br><br>1,7 | 42<br>28, 41<br>28 |
| Mn | 0,1 bis 1,2*)<br>0,3 bis 1,5*)<br>0,4 bis 1,5**) | 210<br>60<br>0 bis 140 | 165<br>80 bis 100<br>45 bis 180 | 40<br>14 bis 45<br>0 bis 70 | 3,8<br>2,2 bis 5<br>0,6 bis 3****) | <br>3<br>2****) | 3<br>6, 9<br>6, 9 |
| Ni | 0 bis 3*) | 60 bis 70 | 45 bis 60 | 20 bis 30 | 0,3 bis 1,0 | 1,2 | 3, 6 |
| Cu | 0 bis 1*)<br>0,5 bis 2,0**) | 150<br>140 bis 165 | –<br>120 bis 135 | 30<br>27 | 0<br>0 bis 0,7 | 0<br>0,3 | 24<br>23 |
| Mo | 0 bis 0,5**)<br>0 bis 1***) | 0<br>185 | 320<br>130 | –<br>25 | 7<br>4 | 2<br>3 | 19<br>18 |
| Sn | 0,003*)<br>0,08**) | −40 bis +630<br>−340 bis −1200 | 440 bis 550<br>340 bis 470 | 187 bis 210<br>180 bis 290 | 19 bis 27<br>31 bis 35 | 4,5<br>8 | 26<br>26 |
| Cr | 0,05 bis 0,5**)<br>0,12 bis 0,5*) | −240<br>0 | 200<br>160 | 70<br>55 | 2,4*****)<br>3,7****) | 1,2*****)<br>2,2****) | 8 |

*) normalisiert  **) Gußzustand  ***) normalisiert und auf gleiche $\sigma_B$ angelassen  ****) Dehnungen z.T. unter 3%  *****) Dehnungen z.T. unter 2%

x) Zitate nach [14], S. 24.

**Tafel 27:** **Einfluss von Molybdän auf die Festigkeit von bei 900 °C normalisiertem und bei 595 °C angelassenem Eisen. Anlassdauer: 8 h beim unlegierten und 13 h beim legierten Werkstoff**

| | Zugfestigkeit N/mm² | Streckgrenze N/mm² | Dehnung % (L = 50mm) |
|---|---|---|---|
| 25-mm-Y-Block, unlegiert | 795 | 475 | 8,25 |
| und mit 0,5% Mo | 784 | 637 | 4,75 |
| 75-mm-Y-Block, unlegiert | 770 | 498 | 4,80 |
| und mit 0,5% Mo | 754 | 627 | 3,75 |

Nach J.Z. Briggs u. M. Krön, entnommen aus 14), T. 5.

**Tafel 28:** **Mechanische Eigenschaften von niedrig legierten Gusseisensorten mit Kugelgraphit (Nach 14), T. 6.)**

| Nr. | Zusatz % | Zugfestigkeit N/mm² | Streckgrenze N/mm² | Brinellhärte HB | Dehnung % | Gefüge | Wärmebehandl. | Schrifttum x) |
|---|---|---|---|---|---|---|---|---|
| 1 | 0,67 Ni | 560 | 320 | 191 | 12,0 | 30% Ferrit | Gußzustand | |
| 2 | 1,09 Ni, 0,30 Cr | 730 | 465 | 280 | 2,5 | Perlit | | |
| 3 | 0,60 Ni, 0,29 Cr | 710 | 370 | 229 | 6,0 | 10% Ferrit | | 31 |
| 4 | 1,11 Ni, 0,29 Cr, 0,47 Mo | 800 | 480 | 285 | 3,0 | Perlit, etwas Ledeburit | | |
| 5 | 0,86 Cu | 770 | – | 269 | 2,9 | | 650°C/3,5 h | 32 |
| 6 | 0,83 Cu, 0,14 Cr | 750 | | 269 | 2,2 | | dto. | |
| 7 | 0,26 Cr | 672 | | 255 | 2,7 | Perlit | 930°C/13 h, | 33 |
| 8 | 0,90 Cu, 0,24 Cr | 680 | | 269 | 2,3 | | 860/1,5 h | |
| 9 | 0,25 Cr, 0,88 Cu | 750 | | 255 | 2,3 | | 610°C/3,5 h<br>dto. | |
| 10 | 0,22 Cr, 0,92 Cu | 673 | | 241 | 1,9 | Perlit, 10% Ferrit | | |
| 11 | 0,33 Cr, 0,80 Cu | 764 | | 241 | 4,2 | | 700°C/3,5 h | 32 |
| 12 | 0,36 Cr, 0,73 Cu | 743 | | 235 | 4,4 | körniger | dto. | |
| 13 | 0,23 Cr | 640 | | 229 | 4,9 | Perlit | 940°/14 h<br>690°/11 h | 33 |
| 14 | 0,21 Cr, 0,86 Cu | 764 | | 235 | 4,5 | | 690°/4 h | |
| 15 | 0,38 Cr, 0,33 Mo, 0,47Ni | 580 | 52 | 300 | 0,6 | Perlit, Ledeburit | Gußzust. | 39 |

Basiseisen

| Nr. | C % | Si % | Mn % | P % |
|---|---|---|---|---|
| 1 | 3,39 | 1,73 | 0,41 | 0,051 |
| 2,4 | 3,14 | 1,56 | 0,44 | 0,051 |
| 3 | 3,77 | 1,63 | 0,36 | 0,046 |
| 5, 6, 11, 12 | 3,23 bis 3,36 | 2,60 bis 2,80 | 1,16 bis 1,34 | 0,046 bis 0,065 |
| 7 | 3,28 | 2,41 | 1,19 | 0,068 |
| 8, 10 | 3,25 | 3,12 bis 3,40 | 1,22 | 0,072 |
| 9, 13 | 3,24 | 2,74 | 1,14 | 0,065 |
| 15 | 3,30 | 2,45 | 1,31 | 0,14 |

x) Schrifttumsangaben nach 14), Abschn. 2.1.11

Tafel 29: Mindestwerte für Festigkeit und Dehngrenzen verschiedener Qualitäten von Gusseisen mit Kugelgraphit für Zug- und Druckbelastung. (Nach G.N.J. Gilbert[75]).

| Zugfestigkeit N/mm² | 370 | 420 | 495 | 570 | 650 | 725 |
|---|---|---|---|---|---|---|
| Dehngrenzen unter Zugbelastung | | | | | | |
| Proport.Grenze N/mm² | 168 | 182 | 185 | 199 | 213 | 232 |
| 0,1 %-Grenze N/mm² | 224 | 261 | 309 | 332 | 355 | 386 |
| 0,2 %-Grenze N/mm² | 236 | 273 | 324 | 355 | 386 | 417 |
| 0,5 %-Grenze N/mm² | 250 | 287 | 340 | 386 | 433 | 463 |
| Bruchdehnung % | 17-25 | 12-20 | 7-15 | 2-7 | 2-5 | 2-5 |
| Dehngrenzen unter Druckbelastung | | | | | | |
| Proport. Grenze N/mm² | 198 | 227 | 263 | 280 | 294 | 318 |
| 0,1 %-Grenze N/mm² | 247 | 284 | 329 | 349 | 368 | 399 |
| 0,2 %-Grenze N/mm² | 250 | 287 | 337 | 366 | 396 | 426 |
| 0,5 %-Grenze N/mm² | 253 | 290 | 345 | 392 | 439 | 470 |

Tafel 30: Zusammensetzung, Gefügeausbildung und Eigenschaften der Gusseisen der Bilder 97 und 98

| Gusseisen | GGG 80 | GGG 5o | GGG 40 | GGL 30 |
|---|---|---|---|---|
| **Zusammensetzung** | | | | |
| % C | 3,46 | 3,65 | 3,46 | 3,20 |
| % Si | 2,57 | 2,70 | 2,57 | 1,53 |
| % Mn | 0,31 | 0,37 | 0,31 | 0,73 |
| % P | 0,036 | 0,100 | 0,036 | 0,12 |
| % S | 0,011 | 0,004 | 0,011 | 0,081 |
| % Mg | 0,036 | 0,035 | 0,036 | -- |
| **Zugversuch** | | | | |
| $\sigma_{zB}$ N/mm$^2$ | 855 | 555 | 458 | 262 |
| $\sigma_{0,2}$ N/mm$^2$ | 595 | 379 | n.b. | n.b. |
| $\sigma_{0,1}$ N/mm$^2$ | 577 | n.b. | n.b. | n.b. |
| $\sigma_{0,01}$ N/mm$^2$ | 415 | n.b. | n.b. | n.b. |
| $\delta$ % | $\delta_{10}$= 2,7 | $\delta_5$ = 3,0 | n.b. | 0,80 |
| **Druckversuch** | | | | |
| $\sigma_{dB}$ N/mm$^2$ | nicht messbar | nicht messbar | nicht messbar | 689 |
| $\sigma_{0,2}$ N/mm$^2$ | 590 | 417 | 305 | n.b. |
| $\sigma_{0,1}$ N/mm$^2$ | 558 | 398 | n.b. | n.b. |
| $\sigma_{0,01}$ N/mm$^2$ | 390 | 306 | 262 | n.b. |
| Bruchstauchung % | nicht messbar | nicht messbar | nicht messbar | 14,6 |
| $E_o$-Modul kN/mm$^2$ | 178 | 171 | 169 | 126 |
| **Grundgefüge** | | | | |
| % Ferrit | 10 | 50 | 90 | < 5 |
| % Perlit | 90 | 50 | 10 | > 95 |
| Probenbezeichnung | SGP | SGPFB | SGFC | GG 30/ 20mm Platte |
| nach Lit.-Angabe | 224) | 224) | 224) | 69) |

|  | Number | % C | % Si | % P | % S | % Mg | % Mn | % Ni | % Sn | % Cu | % free ferrite in the matrix | BHN |
|---|---|---|---|---|---|---|---|---|---|---|---|---|
| Unalloyed | 1 | 3.50 | 2.80 | 0.033 | 0.008 | 0.067 | 0.15 | - | - | - | 100 | 155 |
|  | 2 | 3.52 | 2.64 | 0.040 | 0.006 | 0.061 | 0.10 | - | - | - | 100 | 150 |
| Ni + Mn-alloyed | 3 | 3.64 | 2.52 | 0.040 | 0.007 | 0.042 | 0.89 | 0.94 | - | - | 40 | 220 |
|  | 4 | 3.46 | 2.29 | 0.037 | 0.005 | 0.068 | 0.86 | 1.38 | - | - | 30 | 228 |
|  | 5 | 3.21 | 2.54 | 0.037 | 0.011 | 0.060 | 0.90 | 1.72 | - | - | 10 | 252 |
| Sn-alloyed | 7 | 3.48 | 2.47 | 0.037 | 0.008 | 0.046 | 0.12 | - | 0.063 | - | 15 | 220 |
|  | 8 | 3.48 | 2.59 | 0.035 | 0.004 | 0.055 | 0.16 | - | 0.076 | - | 5 | 244 |
|  | 9 | 3.52 | 2.43 | 0.044 | 0.006 | 0.076 | 0.17 | - | 0.088 | - | 15 | 233 |
|  | 10 | 3.65 | 2.50 | 0.035 | 0.008 | 0.042 | 0.21 | - | 0.098 | - | 3 | 240 |
| Cu-alloyed | 11 | 3.28 | 2.52 | 0.037 | 0.009 | 0.049 | 0.14 | - | - | 0.73 | 5 | 250 |
|  | 12 | 3.40 | 2.42 | 0.041 | 0.006 | 0.059 | 0.11 | - | - | 0.98 | 2 | 265 |

Tafel 31: Zusammensetzung, Ferritanteile und Brinellhärte der GGG-Sorten der Bilder 104 und 105
(Nach J.A. Dilewijns[44])

## Tafel 32a: Zusammensetzung und Eigenschaften von unlegierten und niedrig legierten Gusseisensorten mit Kugelgraphit zum Einsatz bei erhöhten Temperaturen (Nach K. Röhrig[14])

| Lfd. Nr. | Werkstoffgruppe | Chemische Zusammensetzung Gewichts-% | Mechanische Eigenschaften bei Raumtemp. Zugfestigkeit $\sigma_B$ N/mm² | 0,2%-Dehngrenze $\sigma_{0,2}$ N/mm² | Brinellhärte HB 30 | Dehnung $\delta_5$ % | Kerbschlagzähigkeit¹) J/cm² | Anwendungstemperatur °C max. |
|---|---|---|---|---|---|---|---|---|
| 1 | Ferritisches Gußeisen mit Kugelgraphit GGG-40 nach DIN 1693 | unlegiert | 400 bis 550 | 250 bis 350 | 135 bis 185 | 15 bis 27 | 15 bis 28 | 700 (800) |
| A. 2 | Ferritisches Gußeisen mit Kugelgraphit, niedriglegiert | 0,3 bis 1 Mo; 0 bis 1,5 Ni; 0 bis 1 Cu; 0 bis 0,2 Cr; bis 1 Mn | 450 bis 700 | 300 bis 520 | 130 bis 210 | 12 bis 20 | 15 bis 25 | 700 (800) |
| 3 | | 3,2 bis 3,5 C; 3,2 bis 3,8 Si; 0,45 bis 0,65 Mn; 0,35 bis 0,55 Mo; 0,75 bis 1,50 Ni, geglüht | 600 bis 650 | 500 bis 550 | | 12 bis 14 | | 700 |
| 4 | Perlitisches Gußeisen mit Kugelgraphit nach DIN 1693 GGG-60 und GGG-70 | unlegiert | 600 bis 900 | 420 bis 650 | 175 bis 320 | 2 bis 5 | 6 bis 12 | 450 (500) |
| B. 5 | Perlitisches Gußeisen mit Kugelgraphit, niedriglegiert | bis 1,5 Ni; bis 1 Cu; bis 1 Mo; bis 0,3 Cr; bis 1,2 Mn; bis 0,12 Sn | 600 bis 1000 | 420 bis 700 | 200 bis 350 | 2 bis 7 | | 450 (500) |
| 6 | | 0,4 Cr; 0,45 Ni; 0,35 Mo; 1,3 Mn; 2,5 Si; ungeglüht | 600 | 500 | 300 | 0,6 | | 600 (800) |
| 7 | Gußeisen mit Kugelgraphit, siliciumlegiert | 2,8 bis 3,2 C; 4 Si; 2 Mo; (bis 1 Al) | 600 bis 850 | 500 bis 640 | 200 bis 330 | 0,5 bis 15 | | 820 |
| C. 8 | | 2,5 C; 0,25 bis 0,8 Mn; 5 bis 6,5 Si | 550 bis 700 | 500 bis 550 | 260 bis 320 | bis 3 | | 900 bis 1000 |
| 9 | Gußeisen mit Kugelgraphit, aluminium-siliciumlegiert | 2,5 bis 3 Cr; 5 Si; 2,5 Al | 360 | | 330 | 0,4 | | 900 bis 1000 |

¹) DVM-Probe

## Tafel 32a: Fortsetzung

| Lfd. Nr. | Temperatur °C | Warmfestigkeit: Zugfestigkeit $\sigma_B$ N/mm² | Warmfestigkeit: 0,2%-Dehngrenze $\sigma_{2,0}$ N/mm² | Härte: Temperatur °C | Härte: Brinell-Härte HB 30 | Zeitstandfestigkeit: Temperatur °C | Zeitstandfestigkeit: Zeit h | Zeitstandfestigkeit: Spannung N/mm² | Kriechverhalten: Temperatur °C | Kriechverhalten: Geschwindigkeit % in h | Kriechverhalten: Spannung N/mm² |
|---|---|---|---|---|---|---|---|---|---|---|---|
| | | | | | | 400 | $10^3$ | 140 bis 200 | 400 | 0,1/1000 | 110 |
| | | | | | | | $10^4$ | 110 bis 180 | | 1/1000 | 150 |
| | 400 | 350 bis 480 | 210 bis 310 | | | 450 | $10^3$ | 90 bis 150 | 450 | 0,1/1000 | 60 |
| | 450 | 300 bis 450 | 180 bis 290 | 400 | 130 bis 160 | | $10^4$ | 70 bis 140 | | 1/1000 | 80 bis 90 |
| 1 | 500 | 210 bis 380 | 150 bis 250 | 500 | 80 bis 120 | 500 | $10^3$ | 60 bis 90 | 500 | 0,1/1000 | 30 |
| | 550 | 170 bis 280 | 100 bis 200 | 600 | 50 bis 60 | | $10^4$ | 50 bis 80 | | 1/1000 | 40 bis 50 |
| | 600 | 100 bis 200 | 60 bis 150 | | | 550 | $10^3$ | 35 bis 55 | 550 | 0,1/1000 | 19 |
| | 650 | 80 bis 120 | | | | | $10^4$ | 30 bis 50 | | 1/1000 | 30 |
| | | | | | | 600 | $10^3$ | 25 bis 35 | 600 | 0,1/1000 | 9 |
| | | | | | | | $10^4$ | 20 bis 30 | | 1/1000 | 15 |
| | | | | | | 400 | $10^4$ | 200 bis 250 | 400 | | 150 bis 300 |
| | | | | 400 | 150 bis 180 | 450 | $10^3$ | 140 bis 200 | 450 | | 70 bis 180 |
| 2 | 400 | 400 bis 550 | 300 bis 400 | 500 | 100 bis 130 | 500 | $10^3$ | 100 bis 140 | 500 | 0,1/1000 | 50 bis 120 |
| | 500 | 350 | 260 | 600 | 50 bis 60 | 550 | $10^3$ | 60 bis 90 | 550 | | 40 bis 80 |
| | | | | 700 | 30 bis 35 | 600 | $10^3$ | 30 bis 50 | 600 | | 20 bis 40 |
| | | | | | | 650 | $10^3$ | 20 bis 30 | | | |
| 3 | 650 | 132 | 120 | | | | | | | | |
| | 760 | 50 | 39 | | | | | | | | |
| | 400 | 450 bis 600 | 300 bis 450 | | | | | | | | |
| 4 | 450 | 400 bis 550 | 270 bis 400 | 350 | 170 | 427 | $10^3$ | 300 | 427 | 1/1000 | 200 |
| | 500 | 300 bis 500 | 220 bis 320 | 500 | 100 | | | | | | |
| | 600 | 200 bis 350 | 100 bis 200 | | | | | | | | |
| | 400 | 500 bis 800 | 350 bis 500 | | | | | | | | |
| | 450 | 450 bis 700 | 320 bis 450 | | | 427 | $10^3$ | 250 bis 300 | | | |
| 5 | 500 | 350 bis 600 | 250 bis 400 | | | | $10^2$ | 100 bis 180 | 550 | 1/1000 | 80 bis 110 |
| | 600 | 250 bis 450 | 120 bis 250 | | | 550 | $10^3$ | 50 bis 100 | | | |
| | 700 | 50 bis 200 | 50 bis 150 | | | | | | | | |
| | | | | | | | | | 450 | 1/1000 | 290 |
| | 400 | 600 bis 650 | 410 | | | | | | 500 | 1/1000 | 150 |
| 6 | 500 | 580 | 320 | | | | | | 550 | 1/1000 | 56 |
| | 550 | 460 | 240 | | | | | | 600 | 0,2/100 | 65 |
| | | | | | | | | | 650 | 0,2/100 | 8 |
| | | | | | | 540 | $10^3$ | 140 | | | |
| | | | | | | 650 | $10^3$ | 50 | 650 | 1/1000 | 50 |
| 7 | 650 | 120 bis 230 | | | | 732 | $10^2$ | 28 | | | |
| | 816 | 5 bis 57 | | | | | $10^2$ | 12 | 816 | 1/1000 | 10 |
| | | | | | | 816 | $10^3$ | 9 | | 0,1/1000 | 7 |
| | 400 | 300 bis 750 | | | | | | | 500 | 1/1000 | bis 220 |
| | 500 | 250 bis 670 | | | | 400 | $10^4$ | 190 | 600 | 1/1000 | bis 50 |
| | 600 | 220 bis 500 | | | | | | | 700 | 1/1000 | bis 11 |
| 8 | 700 | 140 bis 200 | | | | | | | 800 | 1/1000 | bis 2 |
| | 800 | 60 bis 160 | | | | 450 | $10^4$ | 130 | 900 | 1/1000 | bis 1 |
| | 900 | 30 bis 60 | | | | | | | 950 | 0,2/100 | bis 1 |
| | 1000 | 40 | | | | | | | | | |
| | 600 | 240 | | | | | | | | | |
| 9 | 800 | 78 | | | | | | | | | |
| | 1000 | 46 | | | | | | | | | |

Tafel 32b: Eigenschaften eines komplex legierten, perlitischen Gusseisens mit Kugelgraphit im Gusszustand.
(Nach A.M. Petricenko u. Mitarb.[192])

| Zusammensetzung % | C | Si | Mn | P | S | Mg |
|---|---|---|---|---|---|---|
| | 3,38 | 3,20 | 0,59 | 0,054 | 0,024 | 0,065 |
| | Cr | Ni | Cu | Mo | | |
| | 0,53 | 0,88 | 0,50 | 0,77 | | |
| Zugfestigkeit $N/mm^2$ | | | | | | |
| bei 20°C | 785 - 805 | | | | | |
| bei 500°C | 640 - 690 | | | | | |
| Umlaufbiegewechselfestigkeit $N/mm^2$ | | | | | | |
| bei 20°C | 255 - 275 | | | | | |
| bei 500°C | ca. 150 | | | | | |
| Zeitstandfestigkeit bei 500°C $N/mm^2$ | | | | | | |
| $10^3$ h | 196 | | | | | |
| $10^4$ h | 127 | | | | | |

Tafel 33: Zulässige Zugspannungen für GGG für Konstruktionsberechnungen bis 300°C (Nach K.B. Palmer[58]).

| Temperatur °C | max. zulässige Zugspannung N/mm² | | |
|---|---|---|---|
| | Ferritisches GGG 40 | Perlitisches GGG 60 | Perlitisches GGG 70 |
| 20 | 136 | 148 | 173 |
| 100 | 130 | 131 | 154 |
| 200 | 124 | 130 | 150 |
| 300 | 124 | 130 | 147 |
| Berechnungsgrundlage | 0,52x0,1 % - Dehngrenze | 0,45 x 0,1 %-Dehngrenze | |

Tafel 34: Zeitstandfestigkeiten und max. zulässige Konstruktionsspannungen für Zugbeanspruchung von GGL- und GGG-Sorten bei 350, 400 und 450°C.

(Nach K.B. Palmer[21])

| Eisenqualität | Zeitstandfestigkeit in $N/mm^2$ für Beanspruchung in Stunden 10.000 | | | 100.000 | | | Max. zulässige Konstruktionsspannung[1)] $N/mm^2$ | | |
|---|---|---|---|---|---|---|---|---|---|
| Temperatur °C | 350 | 400 | 450 | 350 | 400 | 450 | 350 | 400 | 450 |
| GGL 26, unleg. | 178 | 110 | 65 | 152 | 82 | 45 | 51 | 27 | 15 |
| Abfall[2)] in % | -- | 38 | 63 | -- | 46 | 70 | -- | 46 | 70 |
| GGL 30, 0,7 % Mo | 247 | 208 | 128 | 229 | 162 | 94 | 76 | 54 | 31 |
| Abfall[2)] in % | -- | 17 | 48 | -- | 29 | 59 | -- | 29 | 59 |
| GGG 40, ferritisch | 240 | 153 | 90 | 192 | 114 | 65 | 64 | 38 | 22 |
| Abfall[2)] in % | -- | 36 | 63 | -- | 41 | 66 | -- | 41 | 66 |
| GGG 60, perlitisch | 436 | 270 | 147 | 344 | 193 | 97 | 115 | 64 | 32 |
| Abfall[2)] in % | -- | 38 | 66 | -- | 44 | 72 | -- | 44 | 72 |

1) als maximal zulässige Konstruktionsspannung für sehr formstabile Bauteile schlägt K.B. Palmer 1/3 der 100.000 h Zeitstandfestigkeit vor. Nach seinen Erfahrungen entspricht das etwa 80 % der 0,1 % Zeitdehngrenze für 100.000 Stunden. Die so festgelegten Grenzspannungen bieten nach Palmer ausreichende Sicherheit gegen Verformung und Bruch.

2) Abfall gegenüber den Werten bei 350°C in %

**Tafel 35a, b:** E-Modul sowie Feindehnungsmessergebnisse von perlitischem Gusseisen mit Kugelgraphit

(Nach K. Reifferscheid[34])

## a) Gusszustand

| Gruppe | Probe Nr. | Wanddicke mm | $\sigma_{0,01}$ N/mm² | $\sigma_{0,05}$ N/mm² | $\sigma_{0,1}$ N/mm² | $\sigma_{0,2}$ N/mm² | $\sigma_B$ N/mm² | $\delta_5$ % | E kN/mm² |
|---|---|---|---|---|---|---|---|---|---|
| 1 | 04 | 25 | 269 | 363 | 417 | 495 | >603 | n.b. | 167 |
| | 05 | 50 | 312 | 368 | 407 | 451 | 731 | 3,0 | 157 |
| | 06 | 100 | 270 | 323 | 368 | 412 | 722 | 5,2 | 160 |
| | 07 | 150 | 270 | 309 | 333 | 343 | 635 | 3,5 | 167 |
| 2 | 24 | 25 | 377 | 427 | 461 | 490 | 800 | 2,5 | 167 |
| | 25 | 50 | 324 | 368 | 392 | 412 | 746 | 4,1 | 152 |
| | 26 | 100 | - | - | - | - | 700 | 4,5 | - |
| | 27 | 150 | 265 | 319 | 348 | 382 | 667 | 4,0 | 154 |
| 3 | 44 | 25 | 373 | 427 | 461 | 505 | 852 | 4,7 | 164 |
| | 45 | 50 | 358 | 402 | 427 | 441 | 788 | 4,5 | 152 |
| | 46 | 100 | 323 | 368 | 388 | 407 | 688 | 4,5 | 137 |
| | 47 | 150 | 280 | 342 | 373 | 392 | 634 | 3,3 | 157 |
| 4 | 64 | 25 | 417 | 461 | 485 | 510 | 873 | 5,0 | 159 |
| | 65 | 50 | 343 | 412 | 441 | 461 | 810 | 5,5 | 152 |
| | 66 | 100 | 338 | 387 | 412 | 441 | 696 | 3,5 | 154 |
| | 67 | 150 | 363 | 397 | 422 | 441 | 692 | 4,2 | 149 |
| 5 | 84 | 25 | 377 | 451 | 481 | 500 | 853 | 4,2 | 157 |
| | 85 | 50 | 373 | 417 | 446 | 471 | 817 | 4,2 | 169 |
| | 86 | 100 | 323 | 373 | 397 | 422 | 735 | 4,0 | 151 |
| | 87 | 150 | 294 | 363 | 397 | 427 | 607 | 3,7 | 154 |

## b) normalgeglüht

| Gruppe | Probe Nr. | Wanddicke mm | $\sigma_{0,01}$ N/mm² | $\sigma_{0,05}$ N/mm² | $\sigma_{0,1}$ N/mm² | $\sigma_{0,2}$ N/mm² | $\sigma_B$ N/mm² | $\delta_5$ % | E kN/mm² |
|---|---|---|---|---|---|---|---|---|---|
| 1 | 11 | 25 | 333 | 412 | 441 | 461 | 760 | 2,2 | 178 |
| | 12 | 50 | 397 | 446 | 475 | 495 | 694 | 1,8 | 178 |
| | 13 | 100 | 392 | 470 | 485 | 509 | 877 | 5,0 | 186 |
| | 14 | 150 | 407 | 461 | 485 | 509 | 811 | 3,0 | 178 |
| 2 | 31 | 25 | 456 | 510 | 535 | 559 | 745 | 1,8 | 174 |
| | 32 | 50 | 382 | 475 | 520 | 354 | 816 | 2,6 | 164 |
| | 33 | 100 | 392 | 411 | 466 | 493 | 816 | 3,2 | 164 |
| | 34 | 150 | 387 | 441 | 471 | 495 | 785 | 2,4 | 164 |
| 3 | 51 | 25 | 392 | 448 | 484 | 520 | 858 | 3,6 | 170 |
| | 52 | 50 | 426 | 490 | 520 | 540 | 878 | 3,6 | 176 |
| | 53 | 100 | 392 | 475 | 505 | 520 | 834 | 5,2 | 189 |
| | 54 | 150 | 392 | 485 | 510 | 530 | 890 | 5,8 | 183 |
| 4 | 71 | 25 | 411 | 425 | 549 | 574 | 888 | 3,6 | 186 |
| | 72 | 50 | 456 | 515 | 514 | 569 | 922 | 4,0 | 183 |
| | 73 | 100 | 417 | 493 | 530 | 549 | 922 | 6,0 | 178 |
| | 74 | 150 | 343 | 436 | 471 | 495 | 817 | 5,0 | 181 |
| 5 | 91 | [illegible] | [illegible] | 505 | 535 | [illegible] | 947 | 5,2 | 170 |
| | 92 | 50 | 490 | 564 | 593 | 613 | 995 | 4,8 | 183 |
| | 93 | 100 | 422 | 490 | 515 | 534 | 912 | 4,4 | 172 |
| | 94 | 150 | 412 | 475 | 510 | 540 | 868 | 4,2 | 177 |

Zusammensetzung der Eisensorten siehe Bild 82a.

Tafel 36: Einfluss von Si-Gehalt und Wärmebehandlung auf Dauerfestigkeitsverhalten und Kerbempfindlichkeit von Gusseisen mit Kugelgraphit. (Nach K.B. Palmer[77]).

| Zustand | $\sigma_B$ N/mm² | ungekerbt | | gekerbt | |
|---|---|---|---|---|---|
| | | $\sigma_{bW}$ N/mm² | $\sigma_B/\sigma_{bW}$ | $\sigma_{bW-K}$ N/mm² | $\beta_K$ $\sigma_{bW}/\sigma_{bW-K}$ |
| | ferritisch geglühte Proben | | | | |
| 1,2 % Si | 355 | 178 | 0,50 | 139 | 1,28 |
| 1,9 % Si | 416 | 209 | 0,50 | 131 | 1,59 |
| 2,6 % Si | 473 | 193 | 0,41 | 116 | 1,67 |
| | perlitisch u. perl.-sorbitische Proben | | | | |
| Gusszustand | 660 | 301 | 0,46 | 209 | 1,44 |
| normalgeglüht | 1040 | 340 | 0,33 | 209 | 1,63 |

$\sigma_B$ = Zugfestigkeit

$\sigma_{bW}$ = Umlaufbiegewechselfestigkeit ungekerbter Proben

$\sigma_{bW-K}$ = Umlaufbiegewechselfestigkeit gekerbter Proben (45°-V-Kerbe, r = 0,25 mm, Ø = 10,6 mm)

Tafel 37: Richtwerte zur Berechnung der Dauerbiegewechselfestigkeit von GGG im ungekerbten und gekerbten Zustand.

(Nach K.B. Palmer[77] [164])

| Qualität | $\sigma_B$ min N/mm$^2$ | ungekerbt | | gekerbt | |
|---|---|---|---|---|---|
| | | $\sigma_{bW}$ min | N/mm$^2$ | $\sigma_{bW-K}$ min | N/mm$^2$ |
| GGG 40 ferrit. | 400 | $0{,}50 \cdot \sigma_B$ | 200 | $0{,}63 \cdot \sigma_{bW} = 0{,}32 \cdot \sigma_B$ | 130 |
| GGG 50 ferr.-perl | 500 | $0{,}45 \cdot \sigma_B$ | 225 | $0{,}60 \cdot \sigma_{bW} = 0{,}27 \cdot \sigma_B$ | 135 |
| GGG 70 perlit. | 700 | $0{,}40 \cdot \sigma_B$ | 280 | $0{,}60 \cdot \sigma_{bW} = 0{,}24 \cdot \sigma_B$ | 170 |

Tafel 38: Einfluss der Probengrösse auf die Dauerwechselfestigkeit von GGG

(Nach BCIRA-Untersuchungen, entnommen aus [164]).

| Qualität | d[1] mm | $\sigma_B$ N/mm$^2$ | ungekerbt | | gekerbt | |
|---|---|---|---|---|---|---|
| | | | $\sigma_{bW}$ N/mm$^2$ | $\sigma_{bW}/\sigma_B$ | $\sigma_{bW-K}$ N/mm$^2$ | $\sigma_{bW}/\sigma_{bW-K}$ |
| perlitisch (Gusszustand) | 10,6 | 605 | 232 | 0,38 | 162 | 1,43 |
| | 25 | 590 | 216 | 0,37 | 124 | 1,75 |
| | 51 | 560 | 170 | 0,30 | 122 | 1,40 |
| ferritisch (geglüht[2]) | 10,6 | 420 | 193 | 0,46 | 116 | 1,66 |
| | 25 | 426 | 174 | 0,41 | 99 | 1,76 |
| | 51 | 420 | 139 | 0,33 | 65 | 2,14 |

[1] d = Durchmesser der bearbeiteten Probe (alle Proben wurden aus Keilproben gleicher Abmessungen herausgearbeitet)

[2] 8 h 900°C, 16 h 690°C, Ofenabkühlung

**Tafel 39:** Dauerschwingfestigkeit bei Schwellbiegung, Wechselbiegung und Wechselverdrehung von GGG-Werkstoffen (Nach K. Hornung u. A. Rist[175]).

**a) Chemische Zusammensetzung**

| Werkstoff | C % | Si % | Mn % | P % | S % | Mg % |
|---|---|---|---|---|---|---|
| GGG-40 | 3,64 - 3,70 | 2,43 - 2,58 | 0,46 - 0,54 | <0,1 | <0,01 | <0,05 |
| GGG-60 | 3,57 - 3,72 | 2,45 - 2,55 | 0,50 - 0,54 | | | |
| GGG-70 | 3,07 - 3,28 | 2,32 - 2,34 | 0,52 - 0,54 | | | |

**b) Mechanische Eigenschaften**

| Werkstoff | Zugfestigkeit in $kp/mm^2$ [$\approx daN/mm^2$] | 0,2-grenze in $kp/mm^2$ [$\approx daN/mm^2$] | $\delta 5$ % | HB | Gefüge |
|---|---|---|---|---|---|
| GGG-40 | 43 - 44 | 29 - 30 | 25-26 | 152 - 160 | ferritisch |
| GGG-60 | 67 - 70 | 42 - 43 | 6 - 8 | 198 - 241 | ferr./perl. |
| GGG-70 | 72 - 75 | 48 - 51 | 2,0-2,1 | 272 - 285 | perlitisch |

**c) Dauerschwingfestigkeitsergebnisse**

Dauerschwingfestigkeit $\pm \sigma_a$ [$kp/mm^2$] [$\approx daN/mm^2$] Grenzlastspielzahl $N = 5 \cdot 10^6$ LW

| Beanspruchung | Probestab | Formzahl $\alpha_k$ | GGG-40 50% | GGG-40 90% | GGG-60 50% | GGG-60 90% | GGG-70 50% | GGG-70 90% |
|---|---|---|---|---|---|---|---|---|
| $\sigma_{bW}$ Wechselbiegung (R = -1) Frequenz $f = 25 s^{-1}$ | ungekerbt | 1,0 | 24,5 | 23,5 | 30 | 28 | 34 | 31 |
| | gekerbt (Bohrg.) | 2,4 | 16 | 15,5 | 16 | 15 | 17 | 15,5 |
| $\sigma_{bSch}$ Schwellbiegung (R = 0) Frequenz $f = 50 s^{-1}$ | ungekerbt | 1,0 | 21,5 | 20,5 | 24,5 | 23 | 24,5 | 23 |
| | gekerbt (Bohrg.) | 2,4 | 10,5 | 9 | 11,5 | 10,5 | 12 | 11 |
| $\tau_{tw}$ Wechselverdrehung (R = -1) Frequenz $f = 25 s^{-1}$ | ungekerbt | 1,0 | 20 | 19 | 25 | 23 | 30 | 29 |
| | gekerbt (Bohrg.) | 3,0 | 14,5 | 14 | 17 | 16 | 15 | 13,5 |
| $\sigma_{bw} = \tau_{tw}$ Wechselbiegung - verdrehung (R = -1) Frequenz $f = 25 s^{-1}$ | ungekerbt | 1,0 | 14,5 | 13,5 | 17,5 | 16,5 | 21 | 20,5 |
| | gekerbt (Bohrg.) | 4,1 | 9,5 | 9 | 9,5 | 8,5 | 10,5 | 10 |

Spannungsverhältnis $R = \sigma_u / \sigma_o$

Formzahl $\alpha_K$ = max. Spannung im Kerbgrund/Nennspannung

Tafel 40: Dauerfestigkeitsverhältniswerte für Biegewechsel- und Zug-Druck-Wechselbeanspruchung von Gusseisen mit Kugelgraphit nach verschiedenen Autoren.

| Qualität | GGG 40 | | GGG 50 | | GGG 60/70 | | GGG 80/100 | |
|---|---|---|---|---|---|---|---|---|
| Literaturstelle | 168) | 166) | 166) | | 168) | 166) | 166) | |
| Probe Nr. | -- | S 26 | S 20 | S 17 | -- | S 22 | S 10 | S 16 |
| Zugfestigkeit $kp/mm^2$ | 47,0 | 47,7 | 50,4 | 52,6 | 65,5 | 70,6 | 85,7 | 108,5 |
| Streckgrenze $kp/mm^2$ | 29,5 | 45,1 | 37,1 | 46,2 | 42,5 | 54 | 69,8 | 61,4 |
| Bruchdehnung % | 12,2 | 2,0 | 8,0 | 1,3 | 2,2 | 2,4 | 2,6 | 1,3 |
| Biege-Wechselfestigkeit[x)] $\sigma_{bW}$ $kp/mm^2$ | 19 | n.b. | n.b. | n.b. | 25 | n.b. | n.b. | n.b. |
| Zug-Druck-Wechselfestigkeit[x)] $\sigma_{zdW}$ $kp/mm^2$ | 15 | 23 | 25 | 25 | 18 | 38 | 25 | 25 |
| $\sigma_{bW} / \sigma_B$ | 0,40 | -- | -- | -- | 0,38 | -- | -- | -- |
| $\sigma_{zdW} / \sigma_B$ | 0,32 | 0,48 | 0,50 | 0,48 | 0,27 | 0,54 | 0,29 | 0,23 |

[x)] ungekerbte, polierte Proben

Mechanische Eigenschaften der Proben nach [168)] vgl. Bilder 125 und 126

Zusammensetzung und mechanische Eigenschaften der Proben nach [166)] vgl. Tafel 41

**Tafel 41: Zusammensetzung, mechanische Eigenschaften und Zug-Druck-Wechselfestigkeit von Gusseisen mit Kugelgraphit**

**(Nach R. Verriest u. Mitarb.[166])**

## a) Zusammensetzung und Behandlungszustand der Proben

| Werkstoff-Nr. | Probenahme Werkstoffbeschaffenheit evtl. Wärmebehandlung | C | S | Mn | Si | P | Cr | Ni | Cu | Mg |
|---|---|---|---|---|---|---|---|---|---|---|
| | | Zusammensetzung | | | | | | | | |
| S 13 | Rundstangen 250 mm ⌀, Probestäbe in etwa 80 mm Abstand von außen herausgeschnitten, Gußzustand | 3,47 | 0,020 | 0,34 | 2,49 | 0,05 | 0,05 | 2,05 | — | 0,03 |
| S 21 | Entspannungsgeglüht bei 550° C | 3,46 | 0,014 | 0,40 | 2,02 | — | — | 0,76 | — | 0,03 |
| S 26 | Entspannungsgeglüht bei 550° C | 3,43 | 0,017 | 0,46 | 2,27 | — | — | 0,76 | 0,90 | 0,04 |
| S 15 | Ferritisiert 8 h bei 930° C, ausgelagert 7 h bei 720° C, Ofenabkühlung | 3,46 | 0,019 | 0,52 | 2,56 | 0,06 | 0,03 | 0,72 | — | 0,04 |
| S 20 | Rundstangen 300 mm ⌀, Probestäbe in etwa 100 mm Abstand von außen herausgeschnitten, Gußzustand | 3,46 | 0,014 | 0,40 | 2,02 | — | — | 0,76 | — | 0,03 |
| S 14 | Rundstangen 250 mm ⌀, Probestäbe in etwa 80 mm Abstand von außen herausgeschnitten, Gußzustand | 3,46 | 0,019 | 0,52 | 2,56 | 0,06 | 0,03 | 0,72 | — | 0,04 |
| S 17 | Probestäbe wie S 14, entspannungsgeglüht bei 550° C | 3,51 | 0,021 | 0,39 | 1,59 | 0.04 | 0,03 | 0,72 | 1,04 | 0,04 |
| S 25 | Probestäbe aus einem Speiser von 160 mm Dicke, Gußzustand | 3,43 | 0,017 | 0,46 | 2,27 | — | — | 0,76 | 0,90 | 0,04 |
| S 19 | Geglüht 4 h bei 930° C, ausgelagert bei 730° C, Ofenabkühlung | 3,51 | 0,021 | 0,39 | 1,59 | — | — | 1,76 | — | 0,04 |
| S 18 | Rundstangen 250 mm ⌀, Probestäbe in etwa 80 mm Abstand von außen herausgeschnitten, Gußzustand | 3,51 | 0,021 | 0,39 | 1,59 | — | — | 1,76 | — | 0,04 |
| S 23 | Getrennt gegossene Probestäbe (im Drehofen erschmolzen), bei 550° C entspannungsgeglüht (30 mm ⌀) | 3,70 | 0,020 | 0,19 | 2,69 | — | — | 0,68 | — | 0,02 |
| S 22 | Getrennt gegossene Probestäbe (Kupolofeneisen), bei 550° C entspannungsgeglüht (30 mm ⌀) | 3,84 | 0,010 | 0,53 | 2,76 | — | — | — | — | 0,02 |
| S 24 | Probestäbe aus dem Anschnitt einer Kurbelwelle (40 × 60 mm), Gußzustand | 3,38 | 0,016 | 0,44 | 2,12 | — | — | 0,72 | 1,50 | 0,02 |
| S 10 | Gedrehte Probestäbe, Rohgußdurchmesser 40 mm, homogenisiert bei 930° C, zwischengeglüht bei 820° C, mit Luft abgekühlt und angelassen auf 350° C | 3,76 | 0,020 | 0,26 | 2,28 | 0,05 | 0,05 | 0,48 | — | 0,04 |
| S 16 | Homogenisiert bei 820° C, auf 200° C abgekühlt und 1 h auf 450° C angelassen | 3,46 | 0,019 | 0,52 | 2,56 | 0,06 | 0,03 | 0,72 | — | 0,04 |

## b) Mechanische Eigenschaften und Dauerfestigkeit

**(Zug-Druck-Wechselversuche bei 170 Hz)**

**f = Dauerfestigkeitsverhältnis**

| Werkstoff-Nr. | Mechanische Eigenschaften | | | | Dauerfestigkeit | |
|---|---|---|---|---|---|---|
| | Zugfestigkeit kp/mm² | Dehngrenze kp/mm² | Dehnung % | Brinellhärte kp/mm² | bei 20° C kp/mm² | f |
| S13 | 45,0 | 40,2 | 1,4 | 222 | 17 | 0,38 |
| S21 | 46,0 | — | — | — | 24 | 0,52 |
| S26 | 47,7 | 45,1 | 2,0 | 210 | 23 | 0.48 |
| S15 | 49.8 | 42,6 | 4,4 | 180 | 25 | 0,50 |
| S20 | 50.4 | 37,1 | 8,0 | — | 25 | 0,50 |
| S14 | 50,8 | — | 1,2 | 229 | 25 | 0.50 |
| S17 | 52,6 | 46.2 | 1,3 | 231 | 25 | 0,48 |
| S25 | 52.6 | 48,6 | 2,6 | 230 | 24 | 0.46 |
| S19 | 54,2 | 40.7 | 6,5 | — | 24 | 0,44 |
| S18 | 56,4 | 38,7 | 3,7 | — | 27 | 0,48 |
| S23 | 57,5 | 41,5 | 8,2 | 178 | 35 | 0.61 |
| S22 | 70,6 | 54 | 2,4 | 255 | 38 | 0,54 |
| S24 | 80,4 | 61,9 | 2,4 | 285 | 87 | 0,46 |
| S10 | 85,7 | 69,8 | 2,6 | 300 | 25 | 0,29 |
| S16 | 108,5 | 61,4 | 1,3 | 385 | 25 | 0,23 |

**Tafel 42:** Zusammensetzung, mechanische Eigenschaften bei RT und Zug-Druck-Wechselfestigkeit bei höheren Temperaturen von Gusseisen mit Kugelgraphit. (Nach R. Verriest u. Mitarb.[166])

## a) Zusammensetzung und Behandlungszustand der Proben

| Werkstoff-Nr. | Probenahme Werkstoffbeschaffenheit evtl. Wärmebehandlung | Zusammensetzung C | S | Mn | Si | P | Cr | Ni | Cu | Mg |
|---|---|---|---|---|---|---|---|---|---|---|
| S 1 | Rohgußprobestab 40 mm Ø, gedreht, ferritisiert durch Wärmebehandlung 14 h bei 930° C und Ofenabkühlung | 3,76 | 0,020 | 0,26 | 2,28 | 0,05 | 0,05 | 0,48 | — | 0,04 |
| S 4 | Wärmebeständiges Gußeisen, ferritisches Gußgefüge, entspannungsgeglüht bei 550° C | 3,42 | 0,022 | 0,40 | 3,98 | 0,05 | 0,05 | — | — | — |
| S 12 | Rohgußprobestab 40 mm Ø, gedreht, ferritisiert 8 h bei 930° C, ausgelagert 7 h bei 720° C, Ofenabkühlung | 3,54 | 0,022 | 0,28 | 2,82 | 0,06 | 0,05 | 0,76 | — | 0,04 |
| S 2 | Rohgußprobestab 40 mm Ø, gedreht, Gußgefüge ferritisch-perlitisch, entspannungsgeglüht 10 h bei 550° C, Ofenabkühlung | 3,76 | 0,020 | 0,26 | 2,28 | 0,05 | 0,05 | 0,48 | — | 0,04 |
| S 11 | Gedrehte Probestäbe, Gußzustand | 3,54 | 0,022 | 2,28 | 2,82 | 0,05 | 0,05 | 0,76 | — | 0,04 |
| S 3 | Gedrehte Probestäbe, Rohgußdurchmesser 40 mm, perlitisches Gußgefüge, entspannungsgeglüht bei 550° C, Ofenabkühlung | 3,67 | 0,020 | 0,71 | 2,11 | 0,045 | 0,05 | 0,64 | 0,70 | 0,06 |

## b) Mechanische Eigenschaften bei RT und Dauerfestigkeit bei 450 und 525°C

| Werkstoff-Nr. | Mechanische Eigenschaften Zugfestigkeit kp/mm² | Dehngrenze kp/mm² | Dehnung % | Brinell-Härte kp/mm² | Dauerfestigkeit bei 450°C kp/mm² | f | bei 525°C kp/mm² | f | Bildhinweise |
|---|---|---|---|---|---|---|---|---|---|
| S 1 | 42,7 | 30,5 | 16 | 146 | 18 | 0,42 | 10 | 0,23 | Bild 7 |
| S 4 | 46,5 | 35,4 | 1,6 | 180 | 20 | 0,43 | 14 | 0,26 | |
| S12 | 46,6 | 41 | 16,4 | 155 | 18 | 0,39 | 14 | 0,30 | Bild 8 |
| S 2 | 65,5 | 47,7 | 4 | 196 | 19 | 0,29 | 20 | 0,30 | |
| S11 | 73,0 | 64 | 3,8 | 235 | 22 | 0,30 | 19 | 0,26 | |
| S 3 | 76,2 | 60,1 | 3,6 | 282 | 22 | 0,29 | 18 | 0,24 | |

**Tafel 43:** **Eigenschaftsvergleich von cerbehandeltem Gusseisen mit Vermiculargraphit (GGV) mit analysengleichem Gusseisen mit Lamellengraphit (GGL), hochfestem perlitischem GGL und ferritischem Gusseisen mit Kugelgraphit (GGG) im Gusszustand.**

(Nach J. Sissener u. Mitarb. [121])

| Qualität | | GG | GG | VG | GGG |
|---|---|---|---|---|---|
| Wanddicke | | 30 mm ø 1) | 25 mm 2) | 25 mm 2) | 25 mm 2) |
| Chemische Zusammensetzung | | | | | |
| % C | | 3,10 | 3,61 | 3,61 | 3,56 |
| % Si | | 2,10 | 2,49 | 2,54 | 2,72 |
| % Mn | | 0,60 | 0,05 | 0,05 | 0,05 |
| $S_c$ | | 0,87 | 1,04 | 1,04 | 1,05 |
| Graphitausbildung nach (1) x) | | | | | |
| % K | | 0 | 0 | <5 | 80 |
| % L | | 0 | 0 | <5 | 20 |
| % P | | 0 | 0 | 95 | 0 |
| % A | | 100 | 100 | 0 | 0 |
| Grundgefüge | | | | | |
| % Ferrit | | 0 | 0 | >95 | 100 |
| % Perlit | | 100 | 100 | <5 | 0 |
| Zugfestigkeit | $N/mm^2$ | 317 | 110 | 336 | 438 |
| 0,2-Grenze | $N/mm^2$ | n.b. | n.b. | 257 | 285 |
| Dehnung | % | n.b. | n.b. | 6,7 | 25,3 |
| E-Modul | $kN/mm^2$ | 108 | 96,9 | 158 | 176 |
| Härte HB 30/10 | | 200 | 156 | 150 | 159 |
| Kerbschlagzähigkeit DVM-Probe 3) | $J/cm^2$ | | | | |
| bei + 20 °C | | n.b. | n.b. | 9,32 | 24,5 |
| - 20 °C | | n.b. | n.b. | 6,57 | 9,81 |
| - 40 °C | | n.b. | n.b. | 7,07 | 6,18 |
| Schlagbiegezähigkeit DVM-Probe 4) | $J/cm^2$ | | | | |
| bei + 20 °C | | 4,9 | 2,0 | 32,07 | 176,5 |
| - 20 °C | | n.b. | n.b. | 26,48 | 148,1 |
| - 40 °C | | n.b. | n.b. | 26,67 | 121,6 |
| Umlaufbiegefestigkeit | $N/mm^2$ | 127,5 | 49,0 | 210,8 | 250,0 |
| Wärmeleitfähigkeit | W/cm·K | 0,419 | 0,423 | 0,356 | 0,327 |

1) Probestab mit 30 mm ø.
2) Y2-Probe mit 25 mm Wanddicke im Prüfquerschnitt.
3) DVM-Probe gekerbt.
4) DVM-Probe ungekerbt.

x) Graphitausbildung nach Bild 6: K= VI
L= V
P= III
A= I

Tafel 44: Eigenschaftskennwerte von ferritischem und perlitischem Gusseisen mit Vermiculargraphit nach bisher bekannt gewordenen Untersuchungen.

| Herstellungsverfahren | mit Cerzusatz 120) 121) | | | | | | | | | mit komb. Mg + Ti(+Cer)-Zusatz 133) 134) | | | | | | |
|---|---|---|---|---|---|---|---|---|---|---|---|---|---|---|---|---|
| | ferritisch | | | | | | | perlitisch | | ferritisch | | perlitisch | | | | |
| Literaturhinweis / Gefügezustand | 122) Gusszustand | ferr. geglüht | 122) 124) Gusszustand | ferr. geglüht | 124) 125) 129) ferr. geglüht | 131) 132) ferr. geglüht | 200) ferr. geglüht | 131) 132) ? | 200) normalgeglüht | 133) Gusszustand | 232) ferr. geglüht | 232) Gusszust. | 232) Gusszust. | 232) Gusszust. | 232) Gusszust. | 232) Gusszust. |
| Nr. | 1 | 1a | 2 | 3 | 4 | 5 | 6 | 7 | 8 | 9 | 10 | 11 | 12 | 13 | 14 | 15 |
| Graphit 1) / Grundgefüge 2) | 95%III, 5% V+VI<br>>95 F, <5 P | | 85 % III, 15 % V+VI<br>90 F, 10 F | 100 F | III<br>100 F | >70% III<br>>90P, <10 P | 70%III, 30%V+VI<br>85 F | 90 % III<br>90P, 10F | 80%III, 20%VI+V<br>95 P, 5 F | 95%III, 5%VI | III<br>100 F | III | III | III | III+V+VI | III<br>70P, 30F |
| % C | 3,61 | | 3,46 | | 3,7-3,9 | | 3,60 | | 3,54 | 3,5 | 3,44 | 3,59 | 3,60 | 3,50 | 3,62 | |
| % Si | 2,54 | | 2,55 | | 2,2-2,4 | | 2,48 | | 2,44 | 2,3 | 2,29 | 2,24 | 2,18 | 2,31 | 2,21 | |
| % Mn | 0,05 | | 0,04 | | 0,14 | | 0,13 | | 0,17 | 0,3 | 0,34 | 0,34 | 0,32 | 0,50 | 0,48 | |
| % P | 0,02 | | 0,02 | | ≦0,08 | | 0,05 | | 0,058 | | 0,015 | 0,010 | 0,009 | 0,015 | 0,015 | |
| % S | 0,016 | | 0,01 | | 0,005 | | 0,006 | | 0,005 | 0,005 | 0,012 | 0,011 | 0,013 | 0,012 | 0,012 | |
| % Ce | n.b. | | n.b. | | 0,018 | | 0,022 | | 0,015 | 0,004 | | | | | | |
| % Mg | -- | | -- | | -- | | -- | | 0,006 | <0,01 | 0,018 | 0,017 | 0,024 | 0,016 | 0,026 | |
| % Ti | -- | | -- | | -- | | -- | | 0,03 | 0,28 | 0,089 | 0,062 | 0,084 | 0,094 | 0,083 | |
| % As | -- | | -- | | -- | | -- | | -- | -- | 0,032 | 0,036 | 0,030 | 0,067 | 0,074 | |
| andere | -- | | -- | | -- | | -- | Sn | 0,1Sn, 1,6Cu | -- | -- | -- | -- | -- | -- | |
| Sättigungsgrad $S_c = C/(4,23-0,3\,(Si+P))$ | 1,04 | | 1,00 | | 1,04-1,09 | | 1,04 | | 1,02 | 0,99 | 0,97 | 1,01 | 1,01 | 0,99 | 1,02 | |
| Zugfestigkeit N/mm² | 336 | 298 | 371 | 338 | 365 ± 63 | 300 - 400 | 320 | 400-550 | 410 | 319 | 292 | 380 | 388 | 414 | 473 | 386 |
| 0,5 %-Grenze N/mm² | | | | | | | | | | | 238 | 304 | 309 | 335 | 372 | |
| 0,2 %-Grenze N/mm² | 257 | 224 | 267 | 245 | 278 ± 42 | 250 - 330 | 242 | 320-430 | 338 | 264 | 225 | 272 | 276 | 297 | 335 | 278 |
| 0,1 %-Grenze N/mm² | | | | | | | 228 | | 303 | | 213 | 246 | 252 | 269 | 307 | 247 |
| Bruchdehnung % | 6,7 | 5,3 | 5,5 | 8,0 | 7,2 ± 4,5 | 3 - 7 | 3,5 | 0,5-1,5 | 1 | 4 | 6 | 2 | 2,5 | 2 | 2 | 2 |
| Brinellhärte HB | 150 | 128 | | 140 | 138 - 156 | | 164 | | 220 | 143 | 129 | 179 | 184 | 205 | 217 | |
| $\sigma_B$ / HB | 2,24 | 2,33 | | 2,41 | 2,3 - 2,7 | | 1,95 | | 1,86 | 2,23 | 2,26 | 2,12 | 2,11 | 2,02 | 2,18 | |
| $\sigma_{0,2}/\sigma_B$ | 0,76 | 0,75 | 0,72 | 0,72 | 0,76 | 0,83 | 0,76 | 0,78-0,80 | 0,82 | 0,83 | 0,77 | 0,72 | 0,71 | 0,72 | 0,71 | 0,64 |
| $E_o$-Modul, stat. (Zugversuch) kN/mm² | | | 137 | | | | 140 | | 144 | 138 | | 145 | | | | |
| $E_o$-Modul, dyn. (Flastomat) kN/mm² | 158 | 144 | | | | 150 | | 161 | | | | 147 | 151 | 150 | 151 | 152 |
| Druckfestigkeit | | | | | | | | | | | | 1212 | | | | |
| 0,5 %-Grenze N/mm² | | | | | | | | | | | | 395 | | | | |
| 0,2 %-Grenze N/mm² | | | | | | | | | | | | 350 | | | | |
| 0,1 %-Grenze N/mm² | | | | | | | | | | | | 322 | | | | |
| $E_o$-Modul, stat. (Druckvers.) kN/mm² | | | | | | | | | | | | 143 | | | | |
| Schlagbiegezähigkeit J | DVM 10x10 mm | | | | | | | | | | Charpy 10x10 | | | | | |
| + 20°C | 32,1 | | | | | | | | | | 13,5-19 | 6,8-10,2 | | | | |
| - 20°C | 26,5 | | | | | | | | | | | | | | | |
| - 40°C | 26,7 | | | | | | | | | | | | | | | |
| Kerbschlagzähigkeit J | DVM-R | | | | | | | | | | Charpy-V | | | | | |
| + 20°C | 6,5 | | | | | | | | | | 5,4 | 3,4 | | | | |
| - 20°C | 4,6 | | | | | | | | | | | | | | | |
| - 40°C | 5,0 | | | | | | | | | | | | | | | |
| Umlaufbiegewechselfestigk. N/mm² | 211 | | | | | | | | | | | | 178 | 185 | 208 | 186 |
| Dauerfest.-Verh. $\sigma_{bW}/\sigma_B$ | 0,63 | | | | | | | | | | | | 0,46 | 0,45 | 0,44 | 0,48 |
| Wärmeleitfähigkeit W/cm.K (cal/cm.°C.s) | 0,356<br>(0,085) | 0,385<br>(0,092) | | | | 0,385<br>(0,092) | | 0,293<br>(0,070) | | | | | | | | 0,419<br>(0,10) |

1) Graphitbeurteilung nach Bild 6

2) F=Ferrit, P=Perlit, in%

Tafel 45: **Einfluss der Wanddicke auf die mechanischen Eigenschaften von Gusseisen mit Vermiculargraphit im Gusszustand**
(Nach J. Sissener u. Mitarb.[121])

| Probe Nr. | 5275/77 | | 2285/7 | | |
|---|---|---|---|---|---|
| Erschmelzung | Kupolofen | | Induktionsofen | | |
| Chemische Zusammensetzung | | | | | |
| % C | 3,37 | | 3,52 | | |
| % Si | 2,97 | | 2,06 | | |
| % Mn | 0,20 | | 0,45 | | |
| % P | 0,045 | | 0,04 | | |
| % S vor Behandlung | 0,076 | | 0,012 | | |
| % S nach Behandlung | 0,014 | | 0,008 | | |
| % V | - | | 0,20 | | |
| % Ti | - | | 0,08 | | |
| Graphitausbildung nach (1) | | | | | |
| % K | 0 | | 0 | | |
| % L | <5 | | 0 | | |
| % M | 0 | | [illegible] | | |
| % N | 0 | | 5 | | |
| % P | >95 | | 95 | | |
| Wanddicke mm | 25 | 180 | 25 | 60 | 100 |
| % Ferrit | 90 | 85 | 35 | 35 | 30 |
| % Perlit | 10 | 15 | 65 | 65 | 70 |
| Zugfestigkeit $N/mm^2$ | 376 | 317 | 381 | 302 | 298 |
| 0,2-Grenze $N/mm^2$ | 305 | 268 | 309 | 268 | 251 |
| Dehnung % | 4,6 | 4,9 | 1,4 | 1,5 | 1,3 |
| Härte HB 30/5 | 161 | 153 | 202 | 187 | 166 |

**Tafel 46:** Zusammensetzung und Eigenschaften von ferritisch geglühtem GGV. Angegossene Proben von Zylinderdeckeln nach Bild 146 (Nach K.H. Riemer[129]).

| Charge Nr. | Zusammensetzung in % C*) | Si | Mn | P | S | Ce | Härte HB | $\sigma_{0,2}$ N/mm² | $\sigma_B$ N/mm² | $\delta_5$ % | Bemerkung**) | $\frac{\sigma_B}{HB}$ | Graphitform % III | % VI/V |
|---|---|---|---|---|---|---|---|---|---|---|---|---|---|---|
| 140 | 3,38 | 2,40 | 0,13 | 0,06 | 0,005 | 0,018 | 143 | 285 | 356 | 5,6 | E | 2,50 | 70 | 30 |
| 142 | 3,37 | 2,42 | 0,14 | 0,06 | 0,005 | 0,019 | 147 | 294 | 384 | 6,0 | H | 2,61 | 70 | 30 |
| 143 | 3,31 | 2,44 | 0,14 | 0,06 | 0,005 | 0,018 | 156 | 294 | 358 | 3,3 | H | 2,30 | 80 | 20 |
| 153 | 3,39 | 2,41 | 0,15 | 0,07 | 0,005 | 0,017 | 149 | 288 | 372 | 5,6 | H | 2,50 | 30 | 70 |
| 155 | 3,47 | 2,38 | 0,14 | 0,07 | 0,005 | 0,020 | 156 | 305 | 380 | 4,0 | H | 2,44 | 50 | 50 |
| 157 | 3,38 | 2,39 | 0,13 | 0,07 | 0,005 | 0,021 | 147 | 268 | 364 | 10,3 | – | 2,48 | 30 | 70 |
| 158 | 3,39 | 2,44 | 0,13 | 0,07 | 0,005 | 0,025 | 153 | 298 | 367 | 4,3 | E | 2,40 | 40 | 60 |
| 159 | 3,43 | 2,49 | 0,14 | 0,07 | 0,005 | 0,022 | 153 | 287 | 400 | 12,9 | – | 2,62 | 40 | 60 |
| 160 | 3,31 | 2,53 | 0,13 | 0,07 | 0,005 | 0,025 | 154 | 295 | 418 | 14,3 | – | 2,72 | 20 | 80 |
| 161 | 3,43 | 2,58 | 0,13 | 0,07 | 0,005 | 0,018 | 154 | 300 | 410 | 9,0 | – | 2,66 | 20 | 80 |
| 162 | 3,32 | 2,45 | 0,13 | 0,07 | 0,005 | 0,020 | 146 | 276 | 380 | 12,4 | – | 2,60 | 40 | 60 |
| 163 | 3,34 | 2,44 | 0,13 | 0,08 | 0,005 | 0,022 | 146 | 286 | 386 | 7,7 | E | 2,64 | 40 | 60 |
| 164 | 3,33 | 2,37 | 0,13 | 0,08 | 0,005 | 0,018 | 148 | 283 | 381 | 8,0 | H | 2,58 | 30 | 70 |
| 166 | 3,33 | 2,36 | 0,13 | 0,06 | 0,005 | 0,016 | 138 | 252 | 316 | 6,4 | E | 2,29 | 95 | 5 |

*) An grauen Proben bestimmt. – **) = Endbruch, H = Häute.

Der an grauen Proben ermittelte C-Gehalt wurde wahrscheinlich an Bohrspänen bestimmt, wobei erhebliche C-Verluste durch Verstauben beim Bohren auftreten können. Für die C-Bestimmung sollten Plättchenproben von ca. 1 mm Dicke verwendet werden. In der gleichen Veröffentlichung werden C-Werte von 3,7 bis 3,8 % für weisserstarrte Proben mitgeteilt, die als richtiger betrachtet werden sollten.

Aus einem Zylinderdeckelbereich mit grosser Wanddicke entnommene Probe ergab:

| | | |
|---|---|---|
| Zugfestigkeit | N/mm² | 377 |
| 0,2-Grenze | N/mm² | 295 |
| Bruchdehnung | % | 6,5 |
| Brinellhärte | HB | 156 |
| $\sigma_{0,2} / \sigma_B$ | | 0,78 |

**Tafel 47:** Beispiele für den Einfluss kleiner Zusätze an Vanadin, Titan oder Kupfer auf die mechanischen Eigenschaften von Gusseisen mit Vermiculargraphit im Gusszustand in Wanddicken von 25 mm.

(Nach J. Sissener u. Mitarb. [121])

| Probe Nr. | 2404 | 2015 | 2128 | 2051 | 2274 | 2136 | 2451 |
|---|---|---|---|---|---|---|---|
| Chemische Zusammensetzung | | | | | | | |
| % C | 3,82 | 3,57 | 3,58 | 3,58 | 3,50 | 3,59 | 3,71 |
| % Si | 2,86 | 2,94 | 2,91 | 2,90 | 2,78 | 2,95 | 2,88 |
| % Mn | 0,06 | 0,08 | 0,57 | 0,50 | 0,55 | 0,56 | 0,59 |
| % P | 0,014 | 0,015 | 0,016 | 0,015 | 0,015 | 0,013 | 0,014 |
| % S | 0,003 | 0,002 | 0,002 | 0,002 | 0,012 | 0,002 | 0,002 |
| % V | - | - | - | 0,58 | 0,49 | 0,40 | - |
| % Ti | - | - | - | 0,17 | 0,27 | - | 0,28 |
| % Cu | 0,28 | 0,97 | 1,67 | - | - | 1,13 | 1,04 |
| Graphitausbildung nach (1) | | | | | | | |
| % K | 10 | 25 | 10 | 10 | 0 | 5 | 20 |
| % L | 5 | 10 | 10 | 5 | 0 | 5 | 15 |
| % M | 0 | 0 | 10 | 0 | 0 | 5 | 0 |
| % N | 5 | 0 | 5 | 0 | 0 | 0 | 5 |
| % P | 80 | 65 | 65 | 85 | 100 | 85 | 60 |
| Grundgefüge | | | | | | | |
| % Ferrit | 95 | 90 | 85 | 65 | 30 | 75 | 75 |
| % Perlit | 5 | 10 | 15 | 35 | 70 | 25 | 25 |
| Zugfestigkeit N/mm² | 377 | 437 | 538 | 471 | 398 | 525 | 443 |
| 0,2-Grenze N/mm² | 297 | 353 | 437 | 353 | 343 | 418 | 358 |
| Dehnung $\delta_5$ % | 6,9 | 5,7 | 1,4 | 4,3 | 0,9 | 1,8 | 5,3 |

Tafel 48: Einfluss von Nickel auf die mechanischen Eigenschaften von GGV (25 mm Probenwanddicke) (Nach R.D. Schelleng[133]).

| Legierungszusatz | | unlegiert | | | mit 1,5 % Ni | | |
|---|---|---|---|---|---|---|---|
| Gefügezustand | | Gusszust. | ferritisch geglüht 1) | perlitisch geglüht 2) | Gusszust. | ferritisch geglüht 1) | perlitisch geglüht 2) |
| Zusammensetzung | | | | | | | |
| % C | | | 3,50 | | | 3,48 | |
| % Si | | | 1,90 | | | 1,90 | |
| % Mn | | | 0,32 | | | 0,40 | |
| % Ni | | | -- | | | 1,53 | |
| % Mg | | | 0,016 | | | 0,023 | |
| % Ti | | | 0,35 | | | 0,28 | |
| % Ce | | | 0,005 | | | 0,005 | |
| Zugfestigkeit | $N/mm^2$ | 350 | 294 | 423 | 427 | 333 | 503 |
| 0,2-Grenze | $N/mm^2$ | 263 | 231 | 307 | 328 | 287 | 375 |
| Bruchdehnung | % | 2,8 | 5,5 | 2,5 | 2,5 | 6,0 | 2,0 |
| Brinellhärte | HB | 153 | 121 | 207 | 196 | 137 | 235 |
| $\sigma_{0,2}/\sigma_B$ | | 0,75 | 0,79 | 0,73 | 0,77 | 0,86 | 0,75 |

1) 2 h 900°C, Ofenabkühlung auf 690°C, 12 h halten, Luftabkühlung
2) 2 h 900°C, Luftabkühlung

**Tafel 49:** Biegewechselfestigkeitswerte von GGV nach verschiedenen Autoren (Vgl. Bilder 152 und 155)

| | | | | | | | |
|---|---|---|---|---|---|---|---|
| **Zugfestigkeit** $\sigma_{zB}$ N/mm² | 336 | 340 | 350 | 388 | 414 | 473 | 386 |
| 0,2 %-Grenze $\sigma_{0,2}$ N/mm² | 257 | 280 | 270 | 276 | 297 | 335 | 278 |
| **Bruchdehnung** % | 6,7 | 4,5 | >2 | 2,5 | 2 | 2 | 2 |
| **Biegewechselfestigkeit** $\pm\sigma_{bW}$ N/mm² | 211 | 165 | 170 | 178 | 185 | 208 | 186 |
| $\sigma_{bW} / \sigma_{zB}$ | 0,63 | 0,49 | 0,49 | 0,46 | 0,45 | 0,44 | 0,48 |
| **Biegewechselfestigkeit mit Gusshaut, unbearbeitet** $\pm\sigma_{bW}$-unb. N/mm² | | 105 | | | | | |
| $\sigma_{bW}$-unb. / $\sigma_{zB}$ | | 0,31 | | | | | |
| **Biegewechselfestigkeit V-gekerbter Proben (bearb.)** $\pm\sigma_{bW-K}$ N/mm² | | | | 100 | 108 | 116 | |
| **Kerbwirkungszahl** $\beta_K = \sigma_{bW} / \sigma_{bW-K}$ | | | | 1,78 | 1,71 | 1,79 | |
| **Literaturhinweis** | 121) | 238) | 237) | 232) | vgl. Tafel 44 | | 233 |

**Eine ohne Spalte 1 durchgeführte lineare Regressionsrechnung ergibt folgende Beziehung zwischen Zugfestigkeit** und Biegewechselfestigkeit:

$$\sigma_{bW} = (0{,}63 - 0{,}00041 \cdot \sigma_{zB}) \cdot \sigma_{zB}$$

Tafel 50: Mittlere lineare Wärmeausdehnungskoeffizienten α der Gusseisenwerkstoffe GGL, GGG und GGV nach verschiedenen Schrifttumsangaben.

| Nr. | Lit. | Zusammensetzung %C | %Si | %Mn | %P | %S | %Cu | %Cr | %Ni | %Mo | α in $10^{-6}$/K für Temperaturbereich in °C: 0 bis 100 | 0 bis 200 | 0 bis 300 | 0 bis 400 | 0 bis 500 | 0 bis 600 |
|---|---|---|---|---|---|---|---|---|---|---|---|---|---|---|---|---|
| 1 | 45) 139) | REINEISEN | | | | | | | | | 12,0 | 12,6 | 13,3 | 13,8 | 14,3 | 14,7 |
| | | GUSSEISEN MIT LAMELLENGRAPHIT | | | | | | | | | | | | | | |
| 2 | 60) | 3,06 | 1,10 | 0,70 | 0,30 | 0,15 | | | | | 11,1 | 11,6 | 12,2 | 12,27 | 13,2 | |
| 3 | 45) 60) 139) | 3,12 | 2,00 | 0,93 | 0,26 | 0,15 | | | | | 10,6 | 11,3 | 11,9 | 12,5 | 13,2 | |
| 4 | 45) 60) 139) | 3,66 | 1,44 | 0,85 | 0,29 | 0,13 | | | | | 10,4 | 11,1 | 11,7 | 12,3 | 12,9 | |
| 5 | 60) | 3,21 | 2,49 | 0,66 | 0,25 | 0,11 | 0,16 | | | | | 10,6 | | 12,5 | | 13,3 |
| 6 | 60) | 3,16 | 2,55 | 0,65 | 0,26 | 0,12 | 0,83 | | | | | 10,7 | | 12,9 | | 13,6 |
| 7 | 60) | 3,15 | 2,51 | 0,65 | 0,27 | 0,11 | 1,54 | | | | | 10,6 | | 12,8 | | 13,7 |
| 8 | 60) | 3,11 | 2,47 | 0,62 | 0,26 | 0,10 | 3,36 | | | | | 10,4 | | 12,9 | | 14,1 |
| 9 | 60) | 3,16 | 2,51 | 0,63 | 0,26 | 0,10 | 3,46 | | | | | 10,4 | | 12,9 | | 14,0 |
| 10 | 60) 213) | 3,13 | 2,31 | 0,69 | 0,67 | 0,14 | | | 0,12 | 0,12 | 10,0 | 10,7 | 11,9 | 12,3 | 13,0 | 13,3 |
| 11 | 60) 213) | 3,02 | 1,57 | 0,87 | 0,17 | 0,10 | 0,11 | 0,10 | 0,16 | 0,57 | 10,0 | 11,0 | 11,9 | 12,6 | 13,1 | 13,5 |
| 12 | 61) | 2,9 | 1,91 | 1,10 | 0,12 | 0,03 | 0,27 | 0,28 | 0,77 | 0,30 | 10,6 | 11,8 | 12,5 | 13,4 | 13,8 | 14,0 |
| 13 | 67) | 3,24 | 2,00 | 0,70 | 0,10 | 0,08 | | | | | 9,8 | 11,1 | 11,9 | 12,3 | 12,6 | 12,7 |
| 14 | 67) | 3,28 | 2,10 | 0,74 | 0,12 | 0,07 | | 0,32 | 0,31 | | 9,8 | 10,9 | 11,7 | 12,3 | 12,6 | 12,9 |
| 15 | 67) | 3,33 | 2,06 | 0,71 | 0,14 | 0,04 | | 0,33 | | 0,32 | 9,8 | 11,1 | 11,8 | 12,4 | 12,6 | 12,7 |
| 16 | 67) | 3,21 | 2,03 | 0,78 | 0,13 | 0,04 | | 0,32 | 0,30 | 0,33 | 10,7 | 11,3 | 11,9 | 12,5 | 12,8 | 13,0 |
| 17 | 67) | 3,74 | 1,92 | 0,70 | 0,14 | 0,05 | | | | | 9,8 | 10,4 | 11,1 | 12,0 | 12,5 | 12,7 |
| 18 | 67) | 3,72 | 1,86 | 0,64 | 0,13 | 0,06 | | 0,28 | 0,32 | | 10,4 | 11,1 | 11,7 | 12,3 | 12,5 | 12,5 |
| 19 | 67) | 3,70 | 1,89 | 0,69 | 0,12 | 0,06 | | 0,29 | | 0,33 | 9,8 | 11,3 | 11,8 | 12,5 | 12,6 | 12,8 |
| 20 | 67) | 3,72 | 1,89 | 0,74 | 0,10 | 0,05 | | 0,37 | 0,30 | 0,33 | 10,7 | 10,9 | 11,7 | 12,2 | 12,6 | 12,8 |
| 21 | 151) | 3,3-3,6 | 1,3-1,5 | 0,4 | 0,16 | 0,10 | | | | | 10,2 | 11,2 | 12,0 | 12,4 | 12,8 | 13,0 |
| | 151) | $\alpha_{100 bis 600} = 5,3 \cdot t^{0,1413}$ in $10^{-6}$ /K | | | | | | | | | 10,2 | 11,2 | 11,9 | 12,4 | 12,8 | 13,1 |
| 22 | 11) | GGL mit Zwischenstufengefüge (Bainit, Nadelgefüge) | | | | | | | | | | 15,0 | | 16,5 | | |
| | | GUSSEISEN MIT KUGELGRAPHIT | | | | | | | | | | | | | | |
| 23 | 213) | GGG 40 (ferritisch geglüht) | | | | | | | | | 11,4 | 11,6/ 11,8 | | | | 13,4 |
| 24 | 213) | GGG 60 (perlitisch, Gusszustand) | | | | | | | | | 11,4 | 11,8/ 12,5 | 12,5 | 13,0 | 13,2 | 13,4 |
| | | GUSSEISEN MIT VERMICULARGRAPHIT | | | | | | | | | | | | | | |
| 25 | 68) | 3,6 | 2,5 | 0,05 | | | | | | | | | | 12,0 | | |

Tafel 51a: Wärmeleitfähigkeit der Gefügebestandteile in Eisenlegierungen
(Nach E. Meyer-Rässler[63])

| Gefügebestandteil | Wärmeleitfähigkeit bei °C | | | | | |
|---|---|---|---|---|---|---|
| | 0 bis 100 | | 500 | | 1000 | |
| | cal/cm.s.°C | W/cm.K | cal/cm.s.°C | W/cm.K | cal/cm.s.°C | W/cm.K |
| Graphit | | | | | | |
| parallel zur Basisebene | 0,7 - 1,0 | 2,93-4,19 | 0,2-0,3 | 0,84-1,26 | 0,1-0,15 | 0,42-0,63 |
| senkrecht zur Basisebene | ca. 0,2 | ca. 0,84 | | | | |
| Ferrit | 0,17-0,19 | 0,71-0,80 | 0,1 | 0,42 | 0,07 | 0,29 |
| Perlit | 0,12 | 0,50 | 0,105 | 0,44 | | |
| Zementit | 0,017-0,020 | 0,071-0,084 | | | | |

Umrechnung: 1 cal/cm.s.°C = 4,1868 W/cm.K

Tafel 51b: Vergleichswerte der Wärmeleitfähigkeit von Gusseisen mit Lamellengraphit und Gusseisen mit Kugelgraphit im Bereich bis 100°C
(Nach H. Kempers[64])

| Gusseisensorte | ferritisch | | perlitisch | |
|---|---|---|---|---|
| | cal/cm.s.°C | W/cm.K | cal/cm.s.°C | W/cm.K |
| GGL | 0,10-0,15 | 0,42-0,63 | 0,09-0,12 | 0,38-0,50 |
| GGG | 0,08-0,10 | 0,33-0,42 | 0,05-0,08 | 0,21-0,33 |

| | Graphitgehalt der Proben % | Wärmeleitfähigkeit cal/cm · sec · °C | Steigerung der Wärmeleitfähigkeit % |
|---|---|---|---|
| zäher Grauguss | 2,16 | 0,129 | 29 |
| GG | 2,15 | 0,100 | |
| zäher Grauguss | 2,31 | 0,138 | 29 |
| GG | 2,33 | 0,107 | |
| zäher Grauguss | 2,92 | 0,156 | 26 |
| GG | 2,98 | 0,124 | |

**Tafel 52:**

Vergleich der Wärmeleitfähigkeit von "zähem Grauguss" und üblichem Gusseisen mit Lamellengraphit (GG) bei vollständig perlitischem Grundgefüge und gleichem Graphitgehalt der Proben

(Nach K.H. Kleemann u. P. Triches[25])

Tafel 53: Wärmeleitfähigkeitswerte λ der Gusseisenwerkstoffe GGL, GGG und GGV nach verschiedenen Schrifttumsangaben.

| Nr. | Material | Lit. | Zusammensetzung %C | %Si | %Mn | %P | %S | %Cr | %Ni | %Mo | %Sn | %Mg | Zugfestigk. $\sigma_B$ bei RT kp/mm² | Wärmeleitfähigkeit λ in cal/cm.s.°C (W/cm.K) bei einer mittleren Temp. in °C: 100 | 200 | 300 | 400 | 500 |
|---|---|---|---|---|---|---|---|---|---|---|---|---|---|---|---|---|---|---|
| | GGL | | | | | | | | | | | | | | | | | |
| 1 | hochgekohlter GGL | 45) | 4,1 | 2,44 | 0,09 | 0,052 | 0,068 | | | | | | | 0,142(0,595) | | | 0,112(0,469) | |
| 2 | hochgekohlter GGL | 45) | 3,73 | 1,66 | 1,12 | 0,087 | 0,059 | | | | | | | 0,140(0,586) | | | 0,110(0,461) | |
| 3 | hochgekohlter GGL | 45)103) | 3,98 | 1,32 | 0,66 | 0,079 | 0,074 | 0,16 | | 0,31 | | | | 0,136(0,570) | | | 0,101(0,423) | 0,089(0,373) |
| 4 | hochgekohlter GGL | 45)103) | 3,58 | 1,52 | 0,53 | 0,06 | 0,1 | | | | | | | 0,133(0,557) | | | 0,112(0,469) | |
| | normaler GGL | | | | | | | | | | | | | | | | | |
| 5 | perlitisch | 45) | 3,18 | 2,08 | 0,60 | 0,097 | 0,112 | 0,14 | | | | | | 0,117(0,490) | | | 0,096(0,402) | |
| 6 | ferrit.gegl. | 45) | 3,18 | 2,08 | 0,60 | 0,097 | 0,112 | 0,14 | | | | | | 0,127(0,532) | | | 0,104(0,435) | |
| 7 | perlitisch | 103) | 2,92 | 1,75 | 0,73 | 0,1 | 0,126 | | | | | | | 0,085(0,356) | | | | |
| 8 | perlitisch | 63) | 3,21 | 1,92 | 0,82 | 0,1 | 0,1 | | 0,58 | | | | 23,0 | 0,127(0,532) | | | | |
| 9 | Zylinderkopf-GGL | 103) | 3,03 | 2,05 | 0,75 | 0,07 | 0,041 | 0,4 | 1,5 | 0,4 | | | | 0,114(0,478) | | | 0,092(0,386) | 0,085(0,356) |
| 10 | | 67) | 3,24 | 2,00 | 0,70 | 0,10 | 0,076 | | | | | | 30,6 | 0,105(0,440) | | 0,099(0,414) | 0,096(0,402) | |
| 11 | | 67) | 3,28 | 2,10 | 0,74 | 0,12 | 0,069 | 0,32 | 0,31 | | | | 32,5 | 0,099(0,414) | | 0,097(0,406) | 0,096(0,402) | |
| 12 | | 67) | 3,33 | 2,06 | 0,71 | 0,14 | 0,041 | 0,33 | | 0,32 | | | 34,2 | 0,099(0,414) | | 0,096(0,402) | 0,094(0,393) | |
| 13 | | 67) | 3,21 | 2,03 | 0,68 | 0,13 | 0,043 | 0,32 | 0,30 | 0,33 | | | 36,4 | 0,099(0,414) | | 0,097(0,406) | 0,096(0,402) | |
| 14 | | 67) | 3,74 | 1,92 | 0,70 | 0,14 | 0,052 | | | | | | 18,1 | 0,124(0,519) | | 0,112(0,469) | 0,107(0,448) | |
| 15 | | 67) | 3,72 | 1,86 | 0,64 | 0,13 | 0,058 | 0,28 | 0,32 | | | | 20,6 | 0,117(0,490) | | 0,101(0,423) | 0,093(0,389) | |
| 16 | | 67) | 3,70 | 1,89 | 0,69 | 0,12 | 0,055 | 0,29 | | 0,33 | | | 26,3 | 0,112(0,469) | | 0,105(0,440) | 0,102(0,427) | |
| 17 | | 67) | 3,72 | 1,89 | 0,74 | 0,10 | 0,047 | 0,37 | 0,30 | 0,33 | | | 24,5 | 0,109(0,456) | | 0,103(0,431) | 0,100(0,419) | |
| | GGG | | | | | | | | | | | | | | | | | |
| 18 | ferritisch | 242) | 3,82 | 2,61 | 0,46 | 0,086 | 0,010 | | 1,43 | | | 0,088 | | 0,0833(0,349) | 0,0831(0,348) | 0,0829(0,347) | 0,0827(0,346) | |
| 19 | | 103) | 3,64 | 2,20 | 0,23 | 0,021 | 0,010 | 0,05 | 0,15 | | | n.b. | | 0,0891(0,373) | | | 0,083(0,348) | 0,081(0,340) |
| 20 | | 242) | 3,53 | 2,49 | 0,47 | 0,056 | 0,006 | | 0,08 | | | 0,096 | | 0,0910(0,381) | 0,0906(0,379) | 0,0902(0,378) | 0,0899(0,376) | |
| 21 | | 242) | 3,49 | 2,73 | 0,54 | 0,047 | 0,012 | | 2,81 | | | 0,066 | | 0,0818(0,342) | 0,0810(0,339) | 0,0801(0,335) | 0,0792(0,332) | |
| 22 | | 242) | 3,38 | 1,11 | 0,42 | 0,047 | 0,038 | | 1,38 | | | 0,064 | | 0,0926(0,388) | 0,0918(0,384) | 0,0910(0,381) | 0,0902(0,378) | |
| 23 | | 242) | 3,32 | 2,05 | 0,34 | 0,063 | 0,013 | | 0,05 | | | 0,066 | | 0,0929(0,389) | 0,0923(0,386) | 0,0917(0,384) | 0,0911(0,381) | |
| 24 | | 242) | 3,11 | 3,48 | 0,35 | 0,086 | 0,027 | | 1,45 | | | 0,075 | | 0,0821(0,344) | 0,0815(0,341) | 0,0809(0,339) | 0,0803(0,336) | |
| 25 | perlitisch | 242) | 3,22 | 2,44 | 0,42 | 0,063 | 0,013 | | 1,35 | | | 0,056 | | 0,0742(0,311) | 0,0734(0,307) | 0,0725(0,304) | 0,0718(0,301) | |
| | GGV | | | | | | | | | | | | | | | | | |
| 26 | ferritisch | 121) | 3,61 | 2,54 | 0,05 | 0,02 | 0,016 | | | | | | 30,4 | 0,092(0,385) | | | | |
| 27 | | 133) | 3,41 | 2,05 | 0,41 | 0,036 | 0,014 | | 0,70 | | 0,28 Ti | 0,028 | | ~0,1 (0,419) | | | | |
| 28 | | 143) | 3,7 | 1,7 | 0,3 | | | | | | | | | 0,118(0,494) | | | | |
| 29 | perlitisch | 132) | keine Angabe | | | | | | | | Sn | | 40–55 | 0,070(0,293) | | | | |

Umrechnungsbeziehung: 1 cal/cm.s.°C = 4,1868 W/cm.K

Tafel 54: Berechnung der Wärmespannungen einer Modellplatte.

Wird eine ebene, nicht eingespannte dicke Platte nach Bild 169 a einseitig erwärmt, so wird sie sich spannungsfrei nach Bild 169b ausdehnen. Wird die Platte jedoch, wie in Bild 169 c angedeutet, an ihrer Ausdehnung teilweise behindert, so entstehen in der heissen Zone Druck- und in der kalten Zone Zugspannungen. Diese lassen sich nach S.P. Timoshenko und J.N. Goodier[184] sowie nach D.J. Johns[185] nach folgender Beziehung errechnen:

$$\sigma_{max} = \frac{\alpha \cdot E \cdot \Delta T}{2\,(1 - \nu)}$$

worin

E = E-Modul

$\alpha$ = Wärmeausdehnungskoeffizient

$\Delta T$ = Temperaturdifferenz

$\nu$ = Poisson-Zahl

Berechnungsgang:

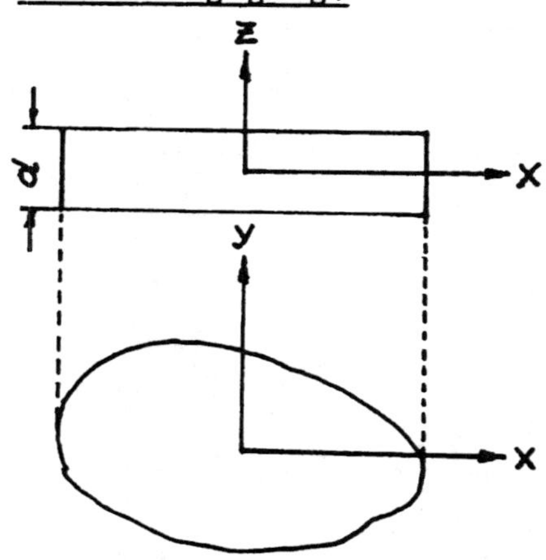


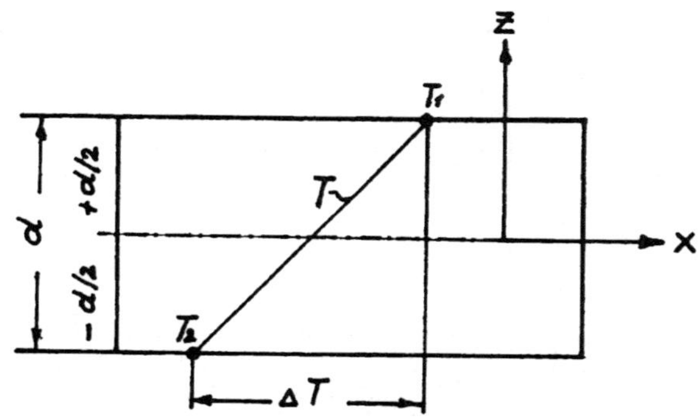


d = Plattendicke

$T_1$ = Temp. auf heisser Seite

$T_2$ = Temp. auf kalter Seite

Werden die Oberflächen $z = \pm d/2$ einer Platte auf zwei unterschiedlichen Temperaturen $T_1$ und $T_2$ gehalten, dann stellt sich nach einer gewissen Zeit ein stationärer Wärmefluss ein. Die Temperatur ist dann durch eine lineare Funktion gegeben:

$$T = \frac{1}{2}(T_1 + T_2) + \frac{1}{2}(T_1 - T_2) \cdot \frac{z}{d/2}$$

Tafel 54: Fortsetzung 1

Für $T_2 = 0$ ergibt sich:

$$T = \frac{T_1}{2} \left(1 + 2 \frac{z}{d}\right) \text{ bzw. } \frac{\Delta T}{2} \left(1 + 2 \frac{z}{d}\right)$$

Nach S.P. Timoshenko u. J.N. Goodier[184] (S. 436) ist

$$\sigma_x = \sigma_y = -\frac{\alpha . T . E}{1 - v} + \frac{1}{d\,(1-v)} \int_{-d/2}^{+d/2} \alpha . T . E . dz + \frac{12z}{d^3\,(1 - v)} \int_{-d/2}^{+d/2} \alpha . T . E . z . dz$$

Nach Durchführung der Integration erhält man:

$$\sigma_x = \sigma_y = -\frac{\alpha . E . \Delta T}{1 - v} \cdot \frac{z}{d}$$

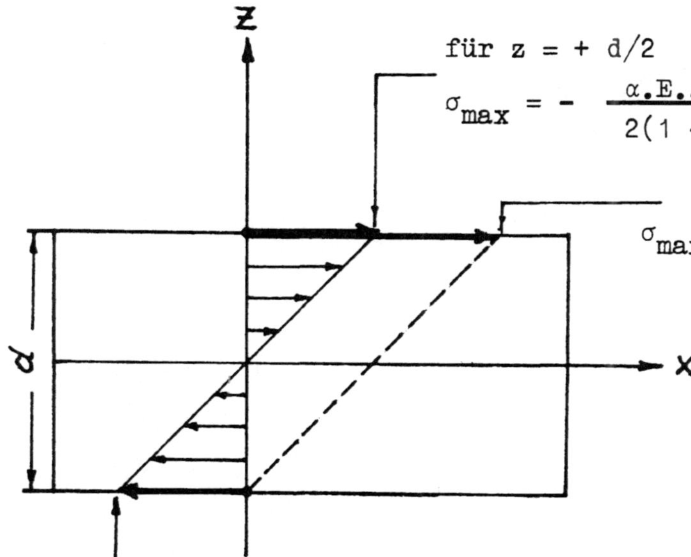


für $z = + d/2$

$$\sigma_{max} = -\frac{\alpha . E . \Delta T}{2(1 - v)} \text{ Druckspannung}$$

für $z = d$

$$\sigma_{max} = -2 . \frac{\alpha . E . \Delta T}{2(1-v)} = -\frac{\alpha . E . \Delta T}{1-v} \text{ Drucksp.}$$

für $z = d/2$

$$\sigma_{max} = + \frac{\alpha . E . \Delta T}{2(1-v)} \text{ Zugspannung}$$

Tafel 54: Fortsetzung 2

Für die heisse Plattenseite ( z = d/2) ergibt sich eine maximale Druckspannung von

$$\sigma_{d\ max} = - \frac{\alpha . E. \Delta T}{2\ (1 - v)}$$

Für die kalte Plattenseite ( z = - d/2) ergibt sich eine gleich grosse maximale Zugspannung von

$$\sigma_{z\ max} = + \frac{\alpha . E . \Delta T}{2\ ( 1 - v)}$$

**Tafel 55:** Berechnung der durch Temperaturunterschiede bedingten thermischen Spannungen für Gusseisen mit Lamellengraphit, Gusseisen mit Kugelgraphit und Gusseisen mit Vermiculargraphit. (Vgl. Bild 170a bis c und Tafel 56)

$$\sigma_{th} = \frac{E . \alpha . \Delta T}{2 (1 - \nu)} \quad N/mm^2$$

| Temperatur<br>Temp.-Differenz $\Delta T$ | $100^{\circ}C$<br>$100 - 20 = 80^{\circ}C$ | | | | $400^{\circ}C$<br>$400 - 20 = 380^{\circ}C$ | | | |
|---|---|---|---|---|---|---|---|---|
| Werkstoff | GG 20 | GG 30 | GGG 40 | GGV 35 | GG 20 | GG 30 | GGG 40 | GGV 35 |
| $E_o$-Modul $kN/mm^2$ | 112 | 132 | 155 | 136 | 102 | 122 | 140 | 121 |
| Wärmeausdehnung<br>$\alpha . 10^{-6} / K$ | 9,8 | 9,8 | 11,4 | 9,8 | 12,3 | 12,0 | 13,0 | 12,0 |
| Poisson-Zahl | 0,26 | 0,26 | 0,275 | 0,265 | 0,25 | 0,25 | 0,27 | 0,26 |
| thermische Spannung<br>$\sigma_{th}$ in $N/mm^2$ | 59,3 | 69,9 | 97,5 | 72,5 | 317,8 | 370,9 | 473,7 | 372,8 |
| Wärmeleitfähigkeit<br>$\lambda$ W/cm . K | 0,519 | 0,440 | 0,381 | 0,420 | 0,448 | 0,402 | 0,376 | 0,400 |
| Spannungserhöhungsfaktor<br>$c = \lambda$ GG 20 / $\lambda$ GG 30<br>GGG 40<br>GGV 35 | 1 | 1,18 | 1,36 | 1,24 | 1 | 1,11 | 1,19 | 1,12 |
| korrigierte therm. Spannung<br>$N/mm^2$<br>$\sigma_{th\ korr.} = c . \sigma_{th}$ | 59,3 | 82,5 | 132,6 | 89,9 | 317,8 | 411,7 | 563,7 | 417,5 |

Die korrigierte thermische Spannung $\sigma_{th\ korr.}$ ist bei sehr raschem Temperaturwechsel zu erwarten, weil in diesem Fall die unterschiedlichen Wärmeleitfähigkeiten zu einer umgekehrt proportionalen Erhöhung der Temperaturgradienten entsprechend dem "Spannungserhöhungsfaktor" c und damit zu einer Spannungserhöhung führen.

Tafel 56: Hinweise auf die zur Erstellung des Bildes 170 und der Tafel 55 verwendeten Eigenschaftskombinationen aus dem Schrifttum.

Bildteil a: Gusseisen mit Lamellengraphit

Warmzugfestigkeit nach den Bildern 23[2)] und 24[58)]

Zugdruckwechselfestigkeit nach Bild 72a[169)], Dauerfestigkeitsverhältnis 0,30 für GG 20 und 0,35 für GG 30 (vgl. Kapitel 4.2.1.7)

Zugschwellfestigkeit $\sigma_{sch}$ nach Bild 60 (GG 20) und Bild 153 (GG 30)

Warmstreckgrenze für Druckbeanspruchung nach Bild 31[107) 139)]

Zur Berechnung der thermischen Druckspannungen nach der Beziehung:

$$\sigma_{th} = \frac{E \cdot \alpha \cdot \Delta T}{2\ (1 - \nu)}$$

wurden nachstehende Werte verwendet:

Wärmeausdehnung: GG 20 (Tafel 50, Eisen 17)
GG 30 (Tafel 50, Eisen 13)

Elastizitätsmodul: GG 20 $E_o$-RT = 115kN/mm²
Bild 49a GG 30 $E_o$-RT = 135kN/mm²

Temperaturabhängigkeit ca. 35 N/mm² je °C nach Kapitel 4.2.1.6[67) 68)]

Poisson-Zahl: nach Kapitel 4.2.1.6 ca. 0,26 bei 20°C und ca. 0,25 bei 400°C (vgl. Bild 58)

Wärmeleitfähigkeit: GG 20 (Tafel 53, Eisen 14)
GG 30 (Tafel 53, Eisen 10)

Tafel 56: Fortsetzung 1

Bildteil b: Gusseisen mit Kugelgraphit

Warmzugfestigkeit und Warmstreckgrenze nach Bild 100 a[14)]
Warmstreckgrenze für 0,5 % Mo leg. GGG 40 geschätzt nach Angaben für Raumtemp. neben Bild 113[72)]

Zugschwellfestigkeit: $\sigma_{sch}$ nach Bild 153.

Zugdruckwechselfestigkeit: Temperaturabhängigkeit vermutlich ähnlich der Biegewechselfestigkeit nach Bild 76a, Eisen G[117)], Höhe der Werte ca. 0,4 . $\sigma_{zB}$ nach Kapitel 4.2.2

Streckgrenze für Druckbeanspruchung entspricht nach Tafel 29 (Kapitel 4.2.2.2 und 4.2.2.4) etwa der Streckgrenze für Zugbeanspruchung. Es ist anzunehmen, dass der Temperatureinfluss bei Druckbeanspruchung ähnlich ist wie bei Zugbeanspruchung.

Wärmeausdehnung: Tafel 50, Eisen 23

| Elastizitätsmodul: | $E_o$ - RT = 160 kN/mm$^2$ | (Bild 121, Eisen 1) |
|---|---|---|
| | $E_o$ -100°C = 155 " | - " - |
| | $E_o$ -400°C = 140 " | - " - |

Poisson-Zahl: nach Kapitel 4.2.2.5 ca. 0,275 bei 20°C und ca. 0,27 bei 400°C

Wärmeleitfähigkeit: Tafel 53, Eisen 20.

Tafel 56: Fortsetzung 2

Bildteil c: Gusseisen mit Vermiculargraphit

Warmzugfestigkeit und Warmstreckgrenze nach Bild 149[122) 214)]
Nach Kapitel 4.2.3.2 ist die $\sigma_{0,2}$-Grenze für Druckbeanspruchung etwa der Raumtemperaturzugfestigkeit vergleichbar. Es wird angenommen, dass der Temperatureinfluss bei Zug- und Druckbeanspruchung etwa gleich ist.

Zugdruckwechselfestigkeit: nach Bild 153 $\sigma_{zdW}$ = 120 N/mm$^2$ bei Raumtemperatur. Das Dauerfestigkeitsverhältnis liegt bei 0,35. Die Temperaturabhängigkeit dürfte ähnlich wie bei der Zugfestigkeit sein, das Dauerfestigkeitsverhältnis wurde als gleichbleibend angenommen.

Zugschwellfestigkeit: $\sigma_{sch}$ nach Bild 153.

Wärmeausdehnung: geschätzt nach Tafel 50

Elastizitätsmodul: $E_o$-RT = 140 kN/mm$^2$ (Bild 150)
$E_o$-100°C= 136 kN/mm$^2$
$E_o$-400°C= 121 kN/mm$^2$

Für die Temperaturabhängigkeit wurde wie bei GGG (Bild 121, Eisen 1 und 3) eine Abfallsrate von 50 N/mm$^2$ je °C angenommen.

Poisson-Zahl: liegt vermutlich zwischen den Werten für GGL und GGG. Geschätzt mit ca. 0,265 für 20°C bzw. 0,26 für 400°C.

Wärmeleitfähigkeit: Geschätzt nach Tafel 53 mit 0,42 W/cm.K für 100°C und 0,40 W/cm.K für 400°C.

Tafel 57: Zusammensetzung und Gefügeausbildung der in den Bildern 178 bis 183 verglichenen Werkstoffe

(Nach J.C. Radon u. Mitarb.[172])

**Analyses, treatment and metallographic condition of materials used**

| Code letter | C,% | Si,% | P,% | S,% | Mn,% | Ni,% | Cr,% | Mo,% | Al,% | Heat treatment | Metallographical report |
|---|---|---|---|---|---|---|---|---|---|---|---|
| *A* | 2·16 to 2·21 | 1·73 to 1·92 | 0·026 to 0·040 | 0·005 to 0·011 | 0·25 to 0·48 | 34·4 to 35·4 | ... | ... | ... | None | Predominantly nodular graphite in an austenitic matrix; small amounts of carbide at the grain boundaries |
| *B* | 3·62 | 1·55 | 0·018 | 0·066 | 0·49 | ... | ... | 0·90 | ... | None | Medium/coarse flake-graphite in a matrix containing about equal amounts of ferrite and pearlite |
| *C* | 0·265 | 0·38 | 0·026 | 0·012 | 0·64 | 0·31 | 1·19 | 0·29 | 0·080 | Anneal 925°C, furnace cool, normalize 880°C. AC; temper 700°C, AC | Moderately coarse feathery bainite with segregation banding at the grain boundaries |
| *E* | 3·29 | 1·10 | 0·12 | 0·088 | 0·69 | 1·18 | ... | 0·39 | ... | 6 h at 500°C | Medium flake-graphite in a completely pearlitic matrix containing very small amounts of phosphide eutectic |
| *F* | 3·5 | 2·64 | ... | 0·019 | 0·36 | 1·26 | ... | ... | ... | 4 h at 950°C, AC; 2 h at 625°C, AC | Well formed nodular graphite in a pearlitic matrix with small amounts of ferrite associated with the graphite |
| *S* | 0·215 | 0·37 | 0·024 | 0·013 | 0·70 | 0·16 | 0·14 | 0·06 | 0·052 | Anneal 925°C; furnace cool | Fine lamellar pearlite in a ferritic matrix |

Mechanische Eigenschaften (Nach J.C. Radon u. Mitarb.[180])

| Werkstoff | bei 20°C | | bei 450°C | |
|---|---|---|---|---|
| | Zugfestigk. N/mm² | Brucheinschnürung % | Zugfestigk. N/mm² | Brucheinschnürung % |
| A aust. GGG | 420 | 13,7 | 240 | 17,3 |
| B perl./ferr. GGL | 150 | 0,31 | 135 | 0,52 |
| C bainit. Stahl | 675 | 23,5 | 540 | 35,0 |
| E Ni/Mo-leg. GGL | 320 | 0,45 | 265 | 0,59 |
| F perl. GGG | 755 | 1,58 | 690 | 5,36 |
| S ferr./perl. Stahl | 505 | 32,0 | 310 | 41,3 |

Tafel 58: Temperaturwechselfestigkeit verschiedener Gusseisen bei Zugvorspannung zwischen 90 und 450°C sowie weitere Eigenschaften (Nach W. Schreyer[145], entnommen aus [139], Tafel 9)

| Werkstoffsorte nach TGL 14414 | $S_c$ | $\sigma_{zB}$ N/mm² | $\sigma_{bW}$ N/mm² | $\frac{\sigma_{bW}}{\sigma_{zB}}$ | HB | $\sigma_{TW\,550}$ +) N/mm² |
|---|---|---|---|---|---|---|
| GGL-20 | 0,93 | 213 | 103 | 0,46 | 192 | 129 |
| GGL-340 MoCr 4 1 | 0,92 | 259 | 106 | 0,41 | 210 | 178 |
| GGL-340 MoCr 4 1 | 0,92 | 253 | 108 | 0,43 | 231 | 159 |
| GGL-340 MoCr 4 1 | 0,93 | 279 | 139 | 0,50 | 240 | 172 |
| GGL-340 MoCr 4 1 | 0,94 | 297 | 126 | 0,42 | 239 | 196 |
| GGL-25 | 0,93 | 258 | 135 | 0,53 | 218 | 159 |
| GGL-20 | 0,97 | 210 | 95 | 0,46 | 180 | 139 |
| GGL-340 MoCr 8 1 | 0,96 | 320 | 126 | 0,49 | 245 | 224 |
| GGL-340 MoCr 8 1 | 0,95 | 322 | 122 | 0,38 | 239 | 240 |
| GGL-340 MoCr 8 1 | 0,96 | 330 | 124 | 0,37 | 234 | 229 |
| GGL-340 MoCr 8 1 | 0,96 | 305 | 118 | 0,39 | 237 | 218 |
| GGL-25 | 0,96 | 244 | 108 | 0,44 | 205 | 167 |
| GGL-340 Cu 8 | 0,99 | 237 | 94 | 0,40 | 205 | 159 |
| GGL-340 Cu 12 | 1,00 | 241 | 101 | 0,42 | 211 | 169 |
| GGL-340 CuCr 12 1 | 1,01 | 222 | 90 | 0,41 | 197 | 150 |
| GGL-340 CuCr 20 1 | 1,01 | 216 | 81 | 0,38 | 208 | 138 |
| GGL-340 CuMo 8 4 | 1,01 | 299 | 109 | 0,37 | 256 | 201 |
| GGL-340 MoCuNi 8 8 | 0,99 | 275 | 110 | 0,42 | 245 | 182 |
| GGL-340 Cr 2 | 0,89 | 296 | 120 | 0,38 | 217 | 192 |
| GGL-340 NiXr 12 1 | 0,93 | 300 | 127 | 0,43 | 252 | 195 |
| GGL-340 NiCr 4 1 | 0,99 | 280 | 118 | 0,42 | 243 | 206 |
| GGL-340 NiMoCr 4 8 | 0,91 | 365 | 186 | 0,51 | 301 | 234 |
| GGL-340 CuCr 20 2 | 0,94 | 300 | 148 | 0,49 | 251 | 185 |
| GGL-340 CuMoCr 12 8 | 0,91 | 396 | 200 | 0,51 | 374 | 219 |
| GGL-300 NiMo 5 9 | 0,81 | 365 | 192 | 0,52 | 296 | 248 |
| GGL-370 NiMo 5 9 | 1,03 | 248 | 203 | 0,82 | 209 | 156 |
| GGL-300 NiMo 10 9 | 0,78 | 485 | 240 | 0,50 | 347 | 275 |
| GGL-340 MoCu 8 12 | 1,06 | 224 | 96 | 0,43 | 220 | 150 |
| GGL-330 NiMo 5 9 | 0,89 | 381 | 175 | 0,46 | 259 | 250 |
| GGL-300 NiMo 14 6 | 0,85 | 358 | 201 | 0,58 | 445 | 267 |
| GGL-25 | 0,95 | 272 | 109 | 0,40 | 224 | 132 |
| GGL-340 Sn 1 | 0,96 | 265 | 103 | 0,39 | 240 | 181 |
| GGL-25 | 0,95 | 245 | 103 | 0,42 | 206 | 132 |
| GGL-340 Sb 3 | 0,96 | 177 | 88 | 0,50 | 252 | 110 |
| GGG-40 | 0,96 | 455 | 226 | 0,50 | 166 | 241 |
| GGG-60 | 1,00 | 602 | 284 | 0,47 | 227 | 267 |

*Eigenschaften der untersuchten Graugußqualitäten*

| Werkstoff | Zugfestigkeit kp/mm² | E-Modul (20° C) kp/mm² | Zellen pro cm | Gefüge |
|---|---|---|---|---|
| Grauguß „A“ | 11,5/12,5 | 5 000 | 20,5 | Perlit-Ferrit |
| Grauguß „B“ | 14,1/14,7 | 5 500 | 16,5 | Perlit |
| Grauguß „C“ | 21,5/22,4 | 5 700 | 17,9 | Perlit |
| Grauguß „D“ | 23,2/25,7 | 8 000 | 20,4 | Perlit |
| Grauguß „E“ | 31,9/34,3 | 9 800 | 20,95 | Perlit |
| Sphäroguß „F“ | 44,7/53,8 | 17 000* | — | Perlit-Ferrit |

| Graphit | C | Si | Mn in % | P | S |
|---|---|---|---|---|---|
| A, E, D/6 (4, 5) | 3,70 | 1,67 | 0,88 | 0,07 | 0,07 |
| A/4, 5, D/7, 8 | 3,42 | 2,89 | 0,77 | 0,07 | 0,035 |
| A (D, E)/4—5, 7—8 | 3,51 | 2,12 | 0,65 | 0,08 | 0,12 |
| A/4, 5, D/8 | 3,13 | 1,51 | 0,77 | 0,09 | 0,035 |
| A (E)/5, 6 | 3,23 | 1,97 | 0,77 | 0,085 | 0,11 |
| Kugeln | — | — | — | — | — |

Tafel 59: Zusammensetzung und Eigenschaften der auf ihre Temperaturwechselbeständigkeit geprüften Gusseisen nach Bild 186.

Tafel 60: Zusammensetzung und mechanische Eigenschaften von Thermoschockproben aus ferritischem[1] Gusseisen mit Vermiculargraphit und ferritischem[1] Gusseisen mit Kugelgraphit.
(Nach E. Nechtelberger[68])

| Werkstoff | | GGV | GGG |
|---|---|---|---|
| Zusammensetzung | | | |
| % C | | 3,47 | 3,73 |
| % Si | | 2,45 | 2,52 |
| % Mn | | 0,03 | 0,04 |
| % P | | 0,013 | 0,021 |
| % S | | 0,005 | 0,002 |
| % Mg | | -- | 0,081 |
| Cermischmetall[2] | | 0,09 | -- |
| $S_c$[3] | | 0,99 | 1,08 |
| CE[4] | | 4,29 | 4,58 |
| Zugfestigkeit | $N/mm^2$ | 330 | 398 |
| 0,2-Grenze | $N/mm^2$ | 237 | 247 |
| Bruchdehnung | % | 6,3 | 22,9 |
| Brinellhärte | HB 30/10 | 140 | 150 |

1) ferritisch geglüht: 3 Std. 900°C, in 3 Std. Ofenabkühlung auf 700°C, 6 Std. halten bei 700°C, Ofenabkühlung.

2) Schmelzebehandlungszusatzmenge

3) Sättigungsgrad $S_c = \frac{\% C}{4{,}23 - 0{,}3\ (\% Si + \% P)}$

4) Kohlenstoffäquivalent $CE = \% C + 1/3\ (\% Si + \% P)$

Chemische Zusammensetzung und Gefüge verschiedener Gußeisen aus der zweiten Versuchsreihe

| Eisen | Zusammensetzung in % | | | | | $S_c$ | Gefüge | |
|---|---|---|---|---|---|---|---|---|
| | C | Si | Mn | P | S | | Graphit (Größe, Form) | Ferrit % |
| A 2 | 3,75 | 1,83 | 0,12 | 0,075 | 0,0015 | 1,03 | 3 A | 30 |
| A 3 | 3,72 | 1,94 | 0,12 | 0,076 | 0,020 | 1,03 | 4 A | 5 |
| B 1 | 4,20 | 0,70 | 0,84 | 0,17 | 0,014 | 1,05 | 3 A | 0 |
| B 2 | 4,37 | 0,79 | 0,84 | 0,17 | 0,020 | 1,10 | 2 A | 0 |
| B 3 | 4,09 | 0,90 | 0,54 | 0,18 | 0,012 | 1,04 | 2 A | 0 |
| B 4 | 4,10 | 0,80 | 0,84 | 0,075 | 0,020 | 1,03 | 3-4 A | 0 |
| F 5 | 4,05 | 1,69 | 0,33 | 0,062 | 0,023 | 1,09 | 2 A | 20 |
| F10 | 3,77 | 1,59 | 0,30 | 0,057 | 0,021 | 1,01 | 2-3 A | 10 |
| F15 | 3,58 | 1,82 | 0,29 | 0,058 | 0,019 | 0,98 | 3 A | 5 |
| F20 | 3,25 | 1,87 | 0,27 | 0,057 | 0,018 | 0,89 | 3-4 A | 0 |
| F25 | 3,05 | 1,99 | 0,26 | 0,045 | 0,016 | 0,84 | 4 A | 0 |
| F30 | 3,08 | 1,99 | 0,24 | 0,045 | 0,016 | 0,85 | 4-5 A | 0 |
| F35 | 2,77 | 2,07 | 0,24 | 0,042 | 0,015 | 0,77 | 5 A | 0 |

Tafel 61: Zusammensetzung und Gefügeausbildung von Temperaturwechselproben der Bilder 206 bis 210.
(Nach T. Namai[148])

Tafel 62: Temperaturwechselrissverhalten verschieden legierter GGL-Sorten nach P.I. Talanov u. Mitarb.[194]

| Nr. | Zusammensetzung in % | | | | | | | Temperaturwechsel bis zum Auftreten von Rissen |
|---|---|---|---|---|---|---|---|---|
| | C | Si | Mn | Cr | Ni | Cu | Mo | |
| 1 | 4,0 | 1,6 | 0,7 | 0,06 | -- | 1,2 | -- | 86 |
| 2 | 3,8 | 2,0 | 0,7 | 0,6 | -- | 1,2 | 0,5 | 40 |
| 3 | 3,6 | 1,8 | 0,7 | 0,6 | -- | 1,2 | -- | 29 |
| 4 | 3,5 | 2,3 | 0,7 | 0,6 | -- | 1,2 | 0,5 | 13 |
| 5 | 3,3 | 2,3 | 0,7 | 0,3 | 0,2 | -- | -- | 17 |

Tafeln 63a bis c: Bremstrommelwerkstoffe mit hoher thermischer Beständigkeit. Nach F. Henke[139]

a) Gußeisen für Bremstrommeln und Bremsscheiben

| Nr. | Zusammensetzung in % C | Si | Mn | P | Cr | Mo | weitere |
|---|---|---|---|---|---|---|---|
| 1 | 3,1-3,5 | 1,8-2,2 | 0,6-0,9 | 0,25 max. | - | - | |
| 2 | 3,2-3,4 | 1,8-2,4 | 0,7-0,9 | 0,15 max. | 0,2-0,4 | - | |
| 3 | 3,4-3,6 | 2,0 | 0,7 | - | - | - | 0,6 Cu; 0,04 Sn |
| 4 | 3,0-3,3 | 2,0-2,4 | 0,7-0,9 | 0,1 max. | 0,4-0,6 | 0,35-0,50 | 0,7-0,9 Ni |
| 5 | 3,3-3,5 | 2,0-2,3 | 0,7-0,9 | 0,15 max. | 0,4-0,6 | 0,3-0,4 | 1,0-1,3 Cu |
| 6 | 3,4-3,6 | 1,4-1,8 | 0,7-0,9 | 0,15 max. | 0,2-0,4 | 0,5-0,7 | |
| 7 | 3,1-3,3 | 1,8-2,2 | 0,6-0,9 | 0,1 max. | 0,2-0,5 | 0,4-0,6 | 1,3-1,6 Ni |
| 8 | 3,2-3,4 | 1,7-2,2 | 0,5-0,7 | 0,12 max. | bis 0,2 | 0,2-0,3 | |
| 9 | 3,4 | 1,6 | 0,8 | 0,15 max. | 0,2 | 0,3 | 0,2 V |
| 10 | 3,5 | 1,6 | 0,8 | 0,12 max. | 0,4 | 0,6 | 0,6 Cu |
| 11 | 3,4 | 2,2 | 0,7 | 0,25 max. | 0,65 | - | 1,25 Cu |
| 12 | 3,4 | 2,2 | 0,7 | 0,25 max. | 0,65 | 0,35 | 1,25 Cu |
| 13 | 3,9 | 1,4 | 0,65 | 0,12 max. | 0,50 | - | 1,25 Cu; 1,2 Ni |
| 14 | 3,8 | 2,15 | 0,85 | - | - | 0,70 | 2,65 Ni |
| 15 | 3,5-3,8 | 1,8-2,2 | 0,6-0,9 | 0,05 max. | 0,2-0,4 | 0,5-0,7 | Daimler-Benz |

b) Typische Analysen, Härte- und Zugfestigkeitswerte von amerikanischen Bremstrommeln

| Nr. | Zusammensetzung in % C | Si | Mn | S | P | Ni | Cr | Mo | Cu | V | Brinellhärte | Zugfestigkeit N/mm² |
|---|---|---|---|---|---|---|---|---|---|---|---|---|
| 1 | 3,40 | 2,10 | 0,75 | 0,09 | 0,12 | - | - | - | - | | 207 | 206 |
| 2 | 3,40 | 2,15 | 0,65 | 0,12 | 0,25 | - | 0,65 | 0,35 | 1,25 | - | 228 | 220 |
| 3 | 3,45 | 1,65 | 0,75 | 0,12 | 0,12 | - | 0,35 | 0,35 | 0,60 | - | 248 | 275 |
| 4 | 3,40 | 2,00 | 0,80 | 0,12 | 0,15 | 1,50 | 0,50 | - | - | - | 241 | 275 |
| 5 | 3,70 | 1,80 | 0,80 | 0,13 | 0,15 | 0,20 | 0,80 | 0,75 | - | - | 269 | 290 |
| 6 | 3,40 | 2,15 | 0,65 | 0,12 | 0,25 | - | 0,65 | - | 1,25 | - | 228 | 220 |
| 7 | 3,40 | 1,50 | 0,80 | 0,18 | 0,20 | - | 0,20 | 0,50 | - | - | 228 | 275 |
| 8 | 3,50 | 1,90 | 0,60 | 0,12 | 0,15 | - | 0,35 | 1,00 | - | - | 241 | 275 |
| 9 | 3,50 | 1,60 | 0,80 | 0,12 | 0,12 | 0,25 | 0,40 | 0,60 | 0,60 | - | - | - |
| 10 | 3,40 | 2,20 | 0,85 | 0,12 | 0,20 | - | 0,30 | - | - | - | 220 | - |
| 11 | 3,40 | 1,60 | 0,80 | 0,10 | 0,15 | 0,20 | 0,20 | 0,30 | - | 0,20 | 241 | 275 |
| 12 | 3,90 | 1,40 | 0,65 | 0,09 | 0,12 | 1,25 | 0,50 | - | 1,25 | - | - | - |
| 13 | 3,80 | 2,15 | 0,85 | - | - | 2,65 | - | 0,70 | - | - | - | - |

c) SAE-Normen für Bremstrommeln und Kupplungsdruckplatten (SAE S431b, 1970)

| | |
|---|---|
| G 2500 a | Bremstrommeln und Kupplungsdruckplatten unter mäßiger Betriebsbeanspruchung, für die hochgekohltes Gußeisen erwünscht ist und bei denen die Gefahr von Wärmerissen besteht. |
| G 3500 b | Hochbeanspruchte Bremstrommeln und Kupplungsdruckplatten, bei denen ausdrücklich sowohl die Gefahr von Wärmerissen als auch die Forderung nach ausreichend hoher Festigkeit besteht. |
| G 3500 c | Besonders hoch beanspruchte Bremstrommeln. |

| | G 2500 a | G 3500 b | G 3500 c |
|---|---|---|---|
| **Zusammensetzung in %** | | | |
| Kohlenstoff | mind. 3,40 | mind. 3,40 | mind. 3,50 |
| Silicium | 1,10 bis 1,70 | 1,10 bis 1,70 | 1,10 bis 1,70 |
| Mangan | 0,60 bis 0,90 | 0,60 bis 0,90 | 0,60 bis 0,90 |
| Phosphor | max. 0,15 | max. 0,12 | max. 0,12 |
| Schwefel | max. 0,12 | max. 0,15 | max. 0,15 |
| Legierungszusätze | nach Bedarf | nach Bedarf | nach Bedarf |
| **Mechanische Eigenschaften** | | | |
| Brinellhärte | 179 bis 229 | 207 bis 255 | 207 bis 255 |
| Zugfestigkeit (N/mm²) | mind. 206 | mind. 240 | mind. 240 |
| Bruchkraft (kN) | mind. 8,92 | mind. 10,7 | mind. 10,7 |
| Bruchdurchbiegung (mm) | mind. 4,3 | mind. 6,1 | mind. 6,1 |
| **Gefüge** | | | |
| Graphit | Typ A Größe 2 bis 4 | Typ A, Größe 3 bis 5 | |
| Grundmasse | Lamellarer Perlit; etwa vorhandener Ferrit nicht über etwa 15% | Feiner lamellarer Perlit; freier Zementit oder freier Ferrit insgesamt nicht über etwa 5 % | |

**Tafel 64:** Eigenschaften verschiedener Gußeisen mit Lamellengraphit, die für die Temperaturwechselbeständigkeit von Bedeutung sind
(Ausgangseisen: 3,0 bis 3,15 % C, 1,7 bis 1,75 % Si, 0,6 bis 0,8 % Mn, 0,12 % S max., 0,15 % P max.; Kielblöcke 6,5×9×45 mm; aus saurem Kupolofen, geimpft) (10)

| Nr. | Gußeisen | $\sigma_B$ N/mm² | $\sigma_B$ N/mm² | $\frac{\sigma_{bW}}{\sigma_B}$ | Warmstreckgrenze bei 300 °C N/mm² | $\delta$ % | $E_o$ kN/mm² | HB | therm. Längen-Ausdehnungskoeffizient $10^{-6}$ m/m·K | Wärmeleitzahl W/cm·K | $Q_R$ |
|---|---|---|---|---|---|---|---|---|---|---|---|
| - | GG-25 | 268 | 875 | 0,35 | 191 | 0,5 | 126 | 210 | 10,55 | 0,47 | 1,0 |
| - | GG-30 | 294 | 897 | 0,32 | 273 | 0,41 | 135 | 226 | 10,94 | 0,45 | 1,3 |
| 1 | 0,3%Sb | 303 | 848 | 0,29 | 273 | 0,35 | 146 | 252 | 10,79 | 0,44 | 1,2 |
| 2 | 0,3%Sn | 298 | 834 | 0,30 | 242 | 0,43 | 141 | 240 | 10,83 | 0,41 | 1,2 |
| 3 | 0,25 % Ti | 297 | 920 | 0,32 | 281 | 0,47 | 134 | 233 | 10,80 | 0,41 | 1,5 |
| 4 | 0,25 % Ti, 0,4 % Cr | 325 | 878 | 0,31 | 410 | 0,38 | 127 | 248 | 10,62 | 0,43 | 2,3 |
| 5 | 0,8 % W | 315 | 1010 | 0,32 | 410 | 0,59 | 130 | 232 | 10,61 | 0,46 | 2,4 |
| 6 | 0,8 % W, 1 % Ni | 323 | 1000 | 0,33 | 379 | 0,68 | 143 | 233 | 10,84 | 0,46 | 2,2 |
| 7 | 0,5 % Mo | 331 | 946 | 0,31 | 470 | 0,54 | 125 | 234 | 10,81 | 0,44 | 2,9 |
| 8 | 0,5 % Mo, 1 % Cu | 330 | 966 | 0,30 | 439 | 0,82 | 125 | 233 | 10,62 | 0,44 | 2,7 |
| 9 | 0,4 % Mo, 0,4 % Cr | 294 | 821 | 0,31 | 455 | 0,77 | 124 | 227 | 10,75 | 0,44 | 2,8 |
| 10 | 0,4 % Mo, 1,3 % Ni | 316 | 972 | 0,30 | 455 | 1,02 | 122 | 229 | 10,65 | 0,44 | 2,9 |
| 11 | 0,4% Mo, 1,3% (Ni+Cu) | 302 | 962 | 0,30 | 484 | 0,98 | 129 | 220 | 10,82 | 0,44 | 2,8 |
| 12 | 0,25 % V | 308 | 892 | 0,32 | 318 | 0,53 | 123 | 228 | 10,86 | 0,45 | 1,9 |
| 13 | 0,4 % Cr | 318 | 1049 | 0,32 | 333 | 0,42 | 125 | 238 | 10,73 | 0,44 | 2,0 |
| 14 | 0,3 % Cr, 1 % Ni | 314 | 938 | 0,31 | 393 | 0,61 | 135 | 231 | 10,60 | 0,43 | 2,2 |
| 15 | 2,2 % Cu | 304 | 919 | 0,33 | 288 | 0,70 | 141 | 237 | 10,67 | 0,43 | 1,4 |
| 16 | 1,5 % Cu, 1,5 % Ni | 306 | 917 | 0,31 | 257 | 0,58 | 138 | 238 | 10,85 | 0,43 | 1,4 |
| 17 | 2,75 % Ni | 290 | 924 | 0,32 | 303 | 0,66 | 133 | 231 | 10,98 | 0,41 | 1,6 |

(Nach R. Bertodo[107], entnommen aus [139] T. 7)

**Tafel 65:** Nach E. Nechtelberger[68]

**Thermischer Spannungsfaktor $x_{th}$ und thermische Belastbarkeit EF (Eichelbergfaktor) verschiedener Zylinderkopfgusseisen bei 400°C**

| | GGL | GGV | GGG |
|---|---|---|---|
| E (kp/mm²) | 9220 - 12530 | 13500 | 15500 |
| $\alpha$ ($10^{-6}$ m/m °C) | 12,0 - 12,5 | 12 | 12,5 |
| $\lambda$ (cal/cm sec °C) | 0,093 - 0,107 | 0,085 | 0,07 |
| $\sigma_B$ bzw. $\sigma_{0,2}$ (kp/mm²) | 14,4 - 31,0 | 20 | 22 |
| $x_{th} = \frac{E \cdot \alpha}{\lambda}$ | 1,04 - 1,63 | 1,91 | 2,77 |
| EF = $\sigma_B$ bzw. $\sigma_{0,2}/x_{th}$ | 13,5 - 19,0 | 10,5 | 7,5 |

Tafel 66: Zusammensetzung, Gefügeausbildung und mechanische Eigenschaften der Gusseisen mit Lamellengraphit nach Bild 176b. (Nach K. Morton u. P. Watson[178])

| Bezeichnung | ASC Sandguss | MCC Schleuderguss mit Sandauflage |
|---|---|---|
| Zusammensetzung | | |
| % C | 3,2 | 3,1 |
| % Si | 1,71 | 2,15 |
| % Mn | 0,48 | 0,80 |
| % P | 0,03 | 0,09 |
| % S | 0,040 | 0,085 |
| % Cr | 0,04 | 0,47 |
| % Ni | 0,48 | 0,12 |
| % Cu | 0,96 | 0,30 |
| % Mo | 0,35 | 0,37 |
| % Sn | 0,014 | 0,037 |
| $S_c$ | 0,86 | 0,87 |
| A-Gröbe nach ASTM | 3-4 | 4-5 |
| mittl. linearer Graphit Lamellenabstand µm | 93 | 77 |
| mittl. Lamellenabstand des Perlits µm | 0,448 | 0,254 |
| Zugfestigkeit $N/mm^2$ | 300 | 370 |
| 0,1-Grenze $N/mm^2$ | 230 | 270 |
| Bruchdehnung % | 0,97 | 1,16 |
| Brinellhärte HB 30/10 | 200 | 230 |
| Zugf./Härte-Verhältnis | 1,5 | 1,6 |

**Tafel 67:** Entstehungsursachen der Porosität in Zylinderköpfen und ihre Beeinflussung durch die Herstellungsbedingungen.
(Nach K.H. Caspers[263])

MIX
Papier | Fördert gute Waldnutzung
FSC® C083411

Zeitfracht Medien GmbH
Ferdinand-Jühlke-Straße 7
99095 Erfurt, Deutschland
produktsicherheit@kolibri360.de